中国石油大学（华东）学术著作出版基金重点资助
中央高校基本科研业务费专项资金资助（项目编号：15CX04032B）

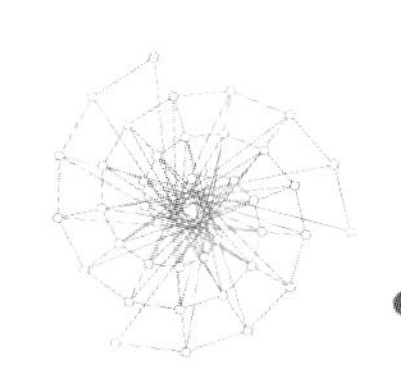

企业环境信息披露：动机与影响因素

王 军 会 ◎ 著

中国社会科学出版社

图书在版编目（CIP）数据

企业环境信息披露：动机与影响因素/王军会著．—北京：中国社会科学出版社，2019.5

ISBN 978－7－5203－4303－9

Ⅰ.①企…　Ⅱ.①王…　Ⅲ.①企业—环境信息—信息管理—研究—中国　Ⅳ.①X322.2

中国版本图书馆 CIP 数据核字(2019)第 075203 号

出 版 人　赵剑英
责任编辑　王　曦
责任校对　张纬溪
责任印制　戴　宽

出　　版　中国社会科学出版社
社　　址　北京鼓楼西大街甲 158 号
邮　　编　100720
网　　址　http://www.csspw.cn
发 行 部　010－84083685
门 市 部　010－84029450
经　　销　新华书店及其他书店

印刷装订　北京君升印刷有限公司
版　　次　2019 年 5 月第 1 版
印　　次　2019 年 5 月第 1 次印刷

开　　本　710×1000　1/16
印　　张　12.5
插　　页　2
字　　数　146 千字
定　　价　66.00 元

前　言

改革开放四十年来，中国经济高速发展的同时，资源紧缺、环境污染、生态破坏的形势越来越严峻。近几年全国大范围出现的雾霾天气更是引起政府和民众对于环境问题的普遍关注。工业企业是环境污染的主要源头，加强对工业企业特别是重污染企业的环境治理和监管，对于国家实施可持续发展战略与生态文明建设意义重大。信息披露作为一种重要且有效的监管手段，正日益受到政府环境监管部门及社会公众的重视。近年来，我国相关法律法规对于企业环境信息披露的要求逐渐严格和细化，从最初要求个别污染严重企业披露相关环境信息，发展到要求所有重污染行业上市公司定期披露环境信息，发布年度环境报告，并鼓励其他企业自愿披露。上市公司环境信息披露实务也迅速发展，从最初少数公司在年报中披露简单的环境信息，到目前大量公司在社会责任报告中集中披露环境信息，乃至部分公司单独发布环境报告、可持续发展报告等独立报告进行详细披露。然而，从总体上看，我国企业环境信息披露水平普遍还比较低，不同企业环境信息披露情况差异显著。那么，造成企业环境信息披露差异的原因是什么？企业披露环境信息的动机有哪些？客观上有哪些因素影响企业的环境信息披露行为？这些问题是当前理论界和实务界普遍关注的热点问题，但是还没有形成统一的认识。

本书基于可持续发展理论、利益相关者理论和合法性理论，构建了一个企业环境信息披露动机的理论分析框架，并在此基础上对我国上市公司环境信息披露的影响因素进行了系统的实证研究。

首先，本书提出了研究背景及意义、界定了相关概念，明确了研究方法和内容框架，回顾了国内外企业环境信息披露理论与实践发展的制度背景。

其次，本书系统梳理了企业环境信息披露相关文献，介绍了可持续发展理论、利益相关者理论和合法性理论三种理论基础，并在此基础上构建了企业环境信息披露合法性动机的理论分析框架，将企业环境信息披露的动机界定为合法性动机，具体包括政治合法性动机、社会合法性动机、经济合法性动机。这里的合法性，是指利益相关者对企业行为的正当性和可被接受性的整体评价，是企业生存和发展的重要资源。根据利益相关者对企业环境信息披露的影响领域，合法性可以分为政治合法性、社会合法性和经济合法性。

再次，本书以沪市A股制造业上市公司2011—2012年年报和独立报告中披露的环境信息为研究样本，从合法性动机的三个方面，即政治合法性、社会合法性和经济合法性出发选取关键指标，对上市公司环境信息披露的影响因素进行实证研究，识别并比较了强制性披露与自愿性披露两类公司环境信息披露动机与影响因素的异同，并得出有价值的分析结论。

最后，本书总结了研究观点，得出研究结论，并从政府、社会、企业三个层面提出完善我国企业环境信息披露的政策建议。

本书具有以下三个特点：第一，基于可持续发展理论、利益相关者理论和合法性理论，构建了一个企业环境信息披露合法性动机的理论分析框架，弥补了现有环境信息披露实证研究理论薄弱的局限，丰富和深化了现有研究成果。第二，本书以合法性作为企业环境信息披露的动机，并将合法性动机从传统的社会合法性、政治合法性扩展到经济合法性，拓展了合法性理论在企业环境信息披露研究中的应用领域。第三，本书以是否属于重污染行业将样本公司划分为强制性披露环境信息的重污染行业子样本和自愿性披露的非重污染行业子样本，对两类公司环境信息披露的影响因素从政治合法性动机、社会合法性动机、经济合法性动机三方面分别进行实证检验，比较其内在动机与外在影响因素的异同，使企业环境信息披露影响因素的研究更加系统和深入。

我国企业环境信息披露及其研究正处于发展阶段，研究视角和研究方法尚需进一步拓展和完善。本书是作者近年来在这一领域研究的总结，由于作者水平有限，书中不足之处在所难免，敬请读者批评指正。

本书得到中国石油大学（华东）学术著作出版基金重点资助以及中央高校基本科研业务费专项资金资助（项目编号：15CX04032B），在此表示衷心感谢！

王军会

2018 年 12 月

目　录

第一章　绪论

第一节　研究背景、目标及意义

一　研究背景与研究目标

改革开放四十年来，中国高速的经济发展改变了社会面貌和人民生活，也改变了自然和生态环境，当前我国面临着异常严峻的环境形势。继土壤污染、水污染之后，全国大范围、高频率出现的雾霾天气预示着清洁空气也将成为一种稀缺资源。“中国雾霾引全球议论”入选环球时报2013年十大国际新闻之一[①]，空气污染已经严重影响国人健康乃至中国的国际形象。李克强总理在第十二届全国人民代表大会第二次会议上所作政府工作报告中指出：“生态文明建设关系人民生活，关乎民族未来”“必须加强生态环境保护”“出重拳强化污染防治”“坚决向污染宣战”[②]。

《中国企业公民报告（2009）》蓝皮书指出，“我国环境污染的

① http：//world. huanqiu. com/depth_ report/2013 －12/4710686. html.

② http：//www. gov. cn/guowuyuan/2014 －03/05/content_ 2629550. htm.

主要源头是工业企业，约占总污染比重的 70%"。我国企业发生重大环境事故后隐瞒不报或延迟上报的现象非常严重，从 2005 年的中石油吉林化工爆炸事故瞒报导致大量有害物质流入松花江，到 2010 年紫金矿业下属铜矿湿法厂铜酸水渗漏事故发生 9 天后才上报，再到 2011 年康菲石油公司漏油事故半个月之后才正式披露。这些重大环境事故引发社会公众对企业特别是重污染企业环境信息披露问题的关注。信息披露作为一种重要且有效的监管手段，正日益受到政府环境监管机构及社会公众的重视。

近年来，我国相关法律法规对于企业环境信息披露的要求逐渐严格和细化。2002 年发布的《中华人民共和国清洁生产促进法》规定，因污染物排放超过规定标准而被列入污染严重企业名单的企业，应当按照规定公布主要污染物的排放情况，接受公众监督①。2003 年，原国家环保总局发布《关于对申请上市的企业和申请再融资的上市企业进行环境保护核查的规定》，要求对重污染行业申请上市和申请再融资且募集资金投资于重污染行业的企业进行环保核查。2007 年，原国家环保总局发布《环境信息公开办法（试行）》，明确规定列入污染严重企业名单的企业应当向社会公开的环境信息内容，以及国家鼓励企业自愿公开的环境信息内容。2010 年，中华人民共和国环境保护部（以下简称环保部）发布《上市公司环境信息披露指南（征求意见稿）》，要求重污染行业上市公司应当定期披露环境信息，发布年度环境报告，鼓励其他行业上市公司参照指南披露环境信息。

---

① 中华人民共和国主席令第 72 号：《中华人民共和国清洁生产促进法》，2002 年 6 月 29 日。

可见，我国相关法律法规对于企业环境信息披露的要求不断加强，强制性披露范围由列入污染严重企业名单的企业逐渐扩大到所有重污染行业上市公司，并且鼓励其他企业自愿性披露环境信息。2006 年，深圳证券交易所（简称深交所）发布《上市公司社会责任指引》，对上市公司自愿性披露社会责任报告作出指导。2008 年，上海证券交易所（简称上交所）发布《上市公司环境信息披露指引》，明确要求上市公司及时、准确、完整地披露相关环境信息。2009 年，上交所推出上证社会责任指数（000048），强制要求指数成分股公司披露社会责任报告和相关环境信息。

在上述背景下，近年来中国 A 股上市公司发布社会责任报告的数量持续增长：2009 年发布 371 份，2010 年为 483 份，2011 年为 531 份，2012 年为 592 份，2013 年达到 658 份①。环境责任是企业社会责任的重要组成部分，上市公司环境信息披露实务也迅速发展，从最初少数公司在年报中披露简单的环境信息，到目前大量公司在社会责任报告中集中披露环境信息，乃至部分公司单独发布环境报告、可持续发展报告、社会责任报告等独立报告进行详细披露。但是，从总体上看，我国企业环境信息披露水平普遍还比较低，不同企业环境信息披露情况差异显著。那么，造成企业环境信息披露差异的原因是什么？企业披露环境信息的动机有哪些？客观上有哪些因素影响企业的环境信息披露行为？这些问题是当前理论界和实务界普遍关注的热点问题，问题的回答将有助于找到我国上市公司环境信息披露水平偏低的根源和对策，但是目前还没有形成

① 《中国 A 股上市公司社会责任报告研究 2013》证券时报网，http：//news.stcn.com/2013/0909/10739004.shtml。

统一的认识。

本书基于可持续发展理论、利益相关者理论和合法性理论，构建了企业环境信息披露合法性动机的理论分析框架，并重点识别和比较强制性披露与自愿性披露不同要求下影响上市公司环境信息披露的关键因素，进而提出完善企业环境信息披露的政策建议。具体而言，本书的研究目标包括：

（1）构建企业环境信息披露动机的理论分析框架；

（2）基于环境信息强制性披露和自愿性披露的不同要求，研究不同类型上市公司环境信息披露的关键影响因素，分析异同。

（3）针对上市公司环境信息披露现状和影响因素分析，提出相应的对策，为政府监管、社会监督和企业环境治理提供理论依据和政策建议。

二　研究意义

1. 理论意义

本书研究的理论意义在于，构建一个企业环境信息披露合法性动机的理论分析框架，并在该框架下分别针对强制性披露和自愿性披露公司研究影响其环境信息披露的关键因素，从而拓展了企业环境信息披露动机研究的视角，丰富了企业环境信息披露影响因素的研究。

企业环境信息披露现有研究涉及领域较广泛，包括环境信息披露现状与影响因素研究、环境信息披露动机研究、环境信息披露经济效果研究等，其中披露现状与影响因素研究是当前研究成果最多的领域之一。现有研究的理论基础不尽相同，包括利益相关者理论、合法性理论、代理理论等，缺乏一个统一的理论分析框架；现有研究认为企业环境信息披露动机主要包括合法性管理动机、社会性动机和经济性动机。本书基于可持续发展理论、利益相关者理论和合法性理论，构建了一个企业环境信息披露合法性动机的理论分析框架，将合法性动机界定为利益相关者对企业行为的正当性和可被接受性的整体评价，并根据利益相关者对企业环境信息披露的影响领域，将合法性分为政治合法性、社会合法性、经济合法性三个方面，从而融合并拓展了企业环境信息披露动机方面的研究。

企业环境信息披露的影响因素方面，现有研究多从公司特征、公司治理、外部制度、公共压力等因素中选择某一个或几个方面进行研究，缺乏对企业环境信息披露影响因素的整体系统研究，也较少提及这些研究究竟是基于强制性披露还是基于自愿性披露。仅有少量文献对企业环境信息披露的强制性与自愿性披露机制进行了理论分析，但是尚未见到对两种披露机制下企业环境信息披露影响因素进行比较的实证研究。本书以沪市 A 股制造业上市公司为研究样本，并根据是否属于重污染行业将样本公司进一步划分为强制性披露的重污染行业子样本和自愿性披露的非重污染行业子样本，分别从合法性动机的三个方面选取指标检验影响企业环境信息披露的关键因素，并对全样本、重污染行业子样本、非重污染行业子样本影响因素的异同进行分析，得出具有现实指导意义的研究结论，从而丰富并深化了企业环境信息披露影响因素的研究。

2. 现实意义

当前，我国环境污染形势严峻，但企业环境信息披露水平普遍较低且存在瞒报漏报现象，不能满足国家监管与社会监督的需要，开展企业环境信息披露动机及影响因素方面的研究，有助于深入分析影响企业环境信息披露现状的深层次原因，找出症结所在，进而提出针对性的对策建议。本书从政治合法性、社会合法性、经济合法性三个方面选择影响因素指标，分别对强制性披露的重污染行业子样本公司和自愿性披露的非重污染行业子样本公司进行实证检验，通过比较不同类型企业环境信息披露影响因素存在的差异，得出更符合当前实际且更具实践指导意义的实证结论，从而为企业环境信息披露的政府监管和社会监督提供理论依据和政策建议，也可为企业环境治理与环境信息披露实践提供借鉴和参考方法。总之，期望通过本书的研究促进上市公司环境信息披露实践的发展，这在当前我国大力推进生态文明建设的背景下，无疑具有重要的现实意义。

第二节　相关概念界定

一　环境信息与环境信息披露

环境信息根据来源不同，可分为政府环境信息和企业环境信息。2007 年，原国家环保总局发布的《环境信息公开办法（试行）》分别对政府环境信息公开和企业环境信息公开做出了明确要求。该文件指出：企业环境信息是指企业以一定形式记录、保存的，与企业经营活动产生的环境影响和企业环境行为有关的信息。这一概念强调了企业环境信息包括环境影响和环境行为两方面内容。

与“企业环境信息”相关的另一个概念是“企业环境会计信息”。孟凡利（1999）最早对这一概念进行了权威界定：企业环境会计信息包括环境问题的财务影响和环境绩效两个方面，前者是指生产经营带来的环境问题对企业财务状况、经营成果及现金流量的影响，后者包括环境法规执行情况、环境质量情况、环境治理和污染物利用情况等信息。这一概念强调企业环境会计信息包括环境问题的财务影响和环境绩效两方面内容。

由此可见,“企业环境信息”和“企业环境会计信息”两个概念都包含环境影响和环境表现(行为、绩效)两方面的内容,在企业环境信息披露研究领域有时对两者不加严格区分。但是,“企业环境会计信息”概念更强调环境问题的财务影响,因此在概念的内涵和外延上比“企业环境信息”概念略窄。本书研究不限于环境问题的财务影响因而使用“企业环境信息”的概念,由于研究对象是上市公司,因此文中也经常将“企业环境信息”表述为“公司环境信息”。

环境信息披露,也称环境信息公开,是指政府或企业将其环境影响及环境表现相关的信息向外界公开的过程。环境信息披露按照披露时间可以分为临时性披露和定期性披露。本书研究的企业环境信息披露主要针对上市公司的定期性披露,通常以年报或独立报告为载体。其中,独立报告是指企业独立于年度报告之外单独发布的社会责任报告、可持续发展报告、环境报告等。

本书使用的“环境信息披露”概念包含两种含义:一是环境信息披露行为,二是环境信息披露水平(即数量和质量的统称)。本书第三章和第四章讲到环境信息披露动机时指的是环境信息披露行为的动机,第五章现状分析和第六章影响因素分析中使用的“环境信息披露”是指环境信息披露水平;本书其他情况下“环境信息披露”一词通常包含披露行为和披露水平两种含义,具体含义与所处语境有关。

二 强制性披露与自愿性披露

如前所述,自 2002 年《中华人民共和国清洁生产促进法》强制要求列入污染严重企业名单的企业应当公开环境信息以来，环保部陆续出台一系列文件，将环境信息强制性披露的企业范围逐步扩大到重污染行业上市公司，将环境信息披露要求提升为定期披露环境信息、编制年度环境报告；非重污染行业上市公司属于自愿性环境信息披露。

根据环保部系列文件的规定，重污染行业包括火电、钢铁、水泥、电解铝、煤炭、冶金、化工、石化、建材、造纸、酿造、制药、发酵、纺织、制革和采矿业16个行业。结合证监会2001年《上市公司行业分类指引》，沈洪涛、冯杰（2010）将重污染行业归纳界定为八类：采掘业、水电煤业、食品饮料业、纺织服装皮毛业、造纸印刷业、石化塑胶业、金属非金属业、生物医药业。本书对重污染行业的界定采纳沈洪涛、冯杰（2010）的划分方法。

三　利益相关者与合法性

利益相关者理论是本书研究的理论基础之一，利益相关者的概念中影响力较大的是Freeman（1984）给出的定义："利益相关者是可以影响组织目标实现或受组织目标实现影响的群体或个人。"具体涵盖了所有与公司存在某种利益关联的群体，具体包括股东、债权人、供应商、客户、雇员、政府、当地社区、环保团体、媒体等。这一概念具有含义宽泛、包容性强的优点，本书使用的就是这种广义利益相关者的概念。

合法性理论是本书研究的重要理论基础，该理论是政治学和社会学的主流研究范式，后来被学者引入到组织与企业的研究中。Parson（1960）将组织合法性界定为组织的价值体系与其所处社会制度的一致性。Suchman（1995）认为合法性是社会对企业行为的正当性和可被接受性的整体评价。Scott（1995）根据合法性的来源将组织合法性划分为规制合法性、规范合法性和文化认知合法性。Lindblom（1994）认为合法性（legitimacy）是一种状态，而合法化（legitimation）则是实现这一状态的过程，也称作合法性管理。有关合法性的相关概念界定本书将在第四章详细阐述。本书所构建的企业环境信息披露合法性动机的理论分析框架中，合法性的概念界定是基于 Suchman（1995）的观点。

第三节　研究思路与方法

一　研究思路

首先，本书在文献研究的基础上，以可持续发展理论、利益相关者理论和合法性理论为基础，构建了一个企业环境信息披露合法性动机的理论分析框架。其次，在这一理论分析框架下，从政治合法性动机、社会合法性动机、经济合法性动机三个方面选取影响企业环境信息披露的典型因素，对我国上市公司环境信息披露的影响因素进行研究，识别并比较了强制性披露与自愿性披露两类公司环境信息披露动机与影响因素的异同。最后，根据公司环境信息披露现状与关键影响因素，从政府、社会、企业三个层面有针对性地提出提升我国上市公司环境信息披露水平的政策建议。

二　研究方法

本书综合运用了文献分析、理论分析和实证分析的研究方法，力争对我国上市公司环境信息披露的动机和影响因素进行较深入的研究，并得出更具准确性和实践指导性的研究结论。

首先，本书对公司社会责任与环境信息披露的制度背景及国内外研究文献进行了梳理和总结，对前人研究成果进行了归纳和评述，明确研究问题进而展开研究。

其次，简要阐述了本书研究所依据的可持续发展理论、利益相关者理论和合法性理论，重点分析了这些理论与企业环境信息披露的关系；在此基础上，构建了企业环境信息披露合法性动机理论分析框架，提出了企业环境信息披露影响因素的研究假设，为本书后续的实证研究提供理论上的支撑。

最后，实证分析是本书重要的研究方法。本书选取 2011—2012 年沪市 A 股制造业上市公司作为研究样本，通过逐张翻阅年报和社会责任报告等独立报告，构建并计算公司环境信息披露指数，选用 SPSS17.0 统计软件进行统计分析，具体方法包括均值比较、独立样本检验、描述性统计分析、相关分析、回归分析等。第五章从地区、行业、公司性质、公司规模、报告形式等角度对上市公司环境信息披露指数进行了详细的统计分析。第六章从政治合法性动机、社会合法性动机、经济合法性动机三个角度选择指标，分别对强制性披露和自愿性披露两类样本公司环境信息披露的影响因素进行实证检验，比较关键因素的差异，分析背后的原因，为第七章提出政策建议提供实证依据。

第四节　研究内容与研究框架

本书分为七章共四部分。

第一部分：问题提出，包括第一章和第二章。第一章绪论，通过阐述研究背景、研究目标、研究意义、概念界定、研究思路、研究方法、研究框架等，对研究问题和全书内容进行概括性介绍；第二章是制度背景，介绍企业社会责任与环境信息披露的国际发展、国内研究及法规政策发展历程、媒体和社会组织对企业社会责任与环境信息披露的推动情况，进一步明确研究背景和研究问题。

第二部分：理论分析，包括第三章和第四章。第三章文献综述，在大量查阅研读企业环境信息披露相关文献的基础上，总结了主要的研究领域及代表性观点，评述了现有研究的主要贡献和不足之处，明确本书的研究方向。第四章理论分析，阐述了本书研究所依据的可持续发展理论、利益相关者理论、合法性理论及其与环境信息披露的关系，基于上述理论构建了企业环境信息披露合法性动机的理论分析框架，进而在内在动机框架的基础上提出了企业环境信息披露外在影响因素的研究假设。

第三部分：实证分析，包括第五章和第六章。第五章现状分析，首先选取沪市 A 股制造业上市公司 2011—2012 年年报和独立报告中披露的环境信息作为研究样本，其次构建环境信息披露指数并分别从地区、行业、公司性质、公司规模、报告形式等方面对样本公司环境信息披露指数进行描述性统计分析，最后对上市公司环境信息披露现状与问题进行总结。第六章影响因素分析，分别从政治合法性动机、社会合法性动机、经济合法性动机三方面选择指标实证检验影响企业环境信息披露水平的关键因素，比较强制性披露和自愿性披露两类公司环境信息披露动机与影响因素的差异，得出具有现实指导意义的研究结论。

第四部分：对策建议，包括第七章。第七章总结了本书的主要研究结论，从政府监管、社会监督和企业环境治理三方面提出改进企业环境信息披露的政策建议，并指出未来研究方向。

本书的框架结构如图 1－1 所示。

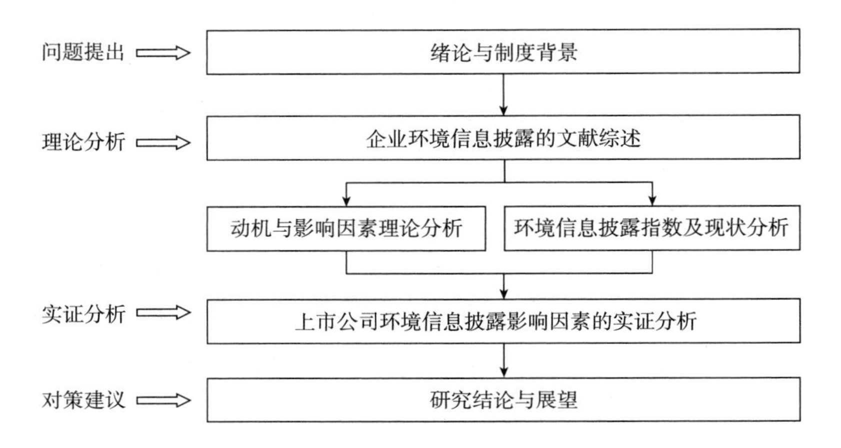

图 1－1　本书结构框架

第二章　企业环境信息披露的制度背景

环境信息披露是企业社会责任信息披露的重要组成部分，本章主要介绍企业社会责任与环境信息披露理论研究及实践领域的国内外发展历程及标志性成果。首先，介绍西方社会与环境会计研究的发展历程、国际标准化组织的环境管理体系认证标准及全球报告倡议组织的《可持续发展报告指南》；其次，介绍我国环境会计与信息披露研究的发展、企业环境信息披露相关的法规制度发展、绿色金融政策、媒体及社会组织对企业社会责任实践的推动等情况。

第一节　企业社会责任与环境信息披露的国际发展

一　西方社会与环境会计研究的发展历程

环境会计与信息披露起源于社会责任会计与信息披露。20 世纪 70 年代，随着西方环境危机的出现，环境会计与信息披露问题备受关注，企业环境信息披露研究逐渐从社会责任研究中独立出来。西方文献有时将环境会计与社会责任会计合称为社会与环境会计（Social and Environmental Accounting，SEA），信息披露是其中最受关注的一个方向，有时学者们提到社会与环境会计时指的就是社会责任与环境信息披露。例如，Gray 等（1987）认为，社会责任与环境会计就是组织将其经济活动的社会影响和环境影响与特定利益团体及社会整体进行交流沟通的过程。Mathews（1993）认为，社会责任与环境会计是指组织自愿披露定性和定量的信息以告知或影响一部分受众。Mathews（1997）认为，社会会计（Social Accounting）、社会责任会计（Social Responsibility Accounting）及公司社会责任（Corporate Social Responsibility）等概念在使用中经常不加区分，泛指会计报告由财务信息扩展到产品、雇员、社区活动及环境影响等非财务信息。

Mathews（1997）对 1971—1995 年西方社会与环境会计研究文献进行了回顾，并对社会会计与环境会计的发展演变历程进行阶段划分。笔者按照 Mathews（1997）的思路，在谷歌学术频道以文章标题中包含关键词完整字句为标准对西方社会会计与环境会计两大主题文献进行了搜索统计，结果如表 2 - 1 所示。其中，社会会计文献的关键词包括社会会计（Social Accounting）、社会报告（Social Reporting）、社会责任会计（Social Responsibility Accounting）及公司社会责任（Corporate Social Responsibility）；环境会计文献的关键词包括环境会计（Environmental Accounting）、环境报告（Environmental Reporting）、环境披露（Environmental Disclosure）及环境信息披露（Environmental Information Disclosure）。

借鉴 Mathews（1997）的研究结论及表 2 - 1 的统计结果，我们将西方环境会计与信息披露研究的发展历程划分为以下四个阶段：

第一，20 世纪 70 年代：环境会计与信息披露研究萌芽时期。

表 2－1　　西方社会与环境会计研究文献统计　　单位：篇

文章标题关键词	1971—1980 年	1981—1990 年	1991—2000 年	2001—2010 年	2011—2013 年
Social and environmental accounting	0	1	39	89	42
Social and environmental reporting	0	0	14	99	47
Social accounting	192	294	377	708	213
Social reporting	95	46	131	351	188
Social responsibility accounting	8	12	15	65	28
Corporate social responsibility	149	185	391	8770	5630
Environmental accounting	6	32	603	962	317
Environmental reporting	8	12	382	568	207
Environmental disclosure	10	7	105	299	211
Environmental information disclosure	1	0	9	104	63

这一时期，少数企业开始公布社会与环境信息，学术界开始出现尝试衡量这些新信息的经验研究文献，以及少量规范和理论模型研究文献。社会责任会计是当时的研究重心，环境问题很少被单独确认，环境会计通常被看作是社会责任会计不可分割的一部分。如表 2－1 所示，社会责任会计相关研究文献数量远远高于环境会计研究文献。Ullmann（1976）的文章是早期专门讨论环境问题的文献之一，该文提出的企业环境会计系统模型使用非货币计量单位衡量并报告企业的环境影响。

第二，20 世纪 80 年代：环境会计与信息披露研究雏形时期。

20 世纪 80 年代早期，社会责任会计领域研究成果不断精细化，但规范研究与理论模型研究仍没有大的突破；80 年代后期，学术界研究兴趣明显转向环境会计（沈洪涛，2010）。学者不断探索社会责任与环境信息的定量化衡量方法，采用事件研究等方法开展经验研究。Wiseman（1982）的文章是这一时期文献的经典代表，该文研究了钢铁、石油、纸浆、造纸行业大型企业的自愿环境信息披露，结果发现环境信息披露是不充分的，环境信息披露与环境业绩之间无显著相关关系。

第三，20 世纪 90 年代：环境会计与信息披露研究成长时期。

20 世纪 90 年代以来，随着研究领域的拓宽、研究成果的丰硕，环境会计与信息披露研究迎来迅速成长期，而社会责任会计研究则几乎停滞。这一变化趋势可以从表 2 - 1 的统计结果中发现，环境会计与信息披露研究文献在数量上明显超过了社会责任会计相关文献。Gray（1990）将社会会计与环境会计合称为社会与环境会计，以强调环境会计在社会责任会计研究中的重要地位。这一时期，西方学者展开了社会责任与环境会计的理论基础研究，并形成几个具有代表性的理论流派，如以 Gray（1992）为代表的受托责任“深绿观”、以 Lehman（1995）为代表的受托责任“道德观”、以 Lindblom（1994）为代表的“战略型社会责任和环境会计”以及以 Tinker 等人为代表的“政治经济会计学”视角下的社会责任与环境会计研究等①。

第四，21 世纪：环境会计与信息披露研究繁荣时期。

进入 21 世纪，企业社会责任会计与环境会计都迎来繁荣发展

① 沈洪涛：《公司社会责任和环境会计的目标与理论基础——国外研究综述》，《会计研究》2010 年第 3 期。

期。如表 2 - 1 所示，以 Corporate Social Responsibility（简称 CSR，企业社会责任）为关键词的文献数量远远超过了其他所有文献数量之和，这一方面说明企业社会责任（CSR）这一概念受到广泛关注和认可，另一方面可能是由于企业社会责任（CSR）含义最广泛，能够涵盖其他概念。扣除将社会与环境会计合称的文献以及以企业社会责任为关键词的文献，我们发现，研究环境会计与环境信息披露的文献数量较 20 世纪 90 年代有大幅的增长，并且超过了以社会责任会计为关键词的文献数量，说明环境会计与信息披露仍然是新世纪社会责任领域的研究热点。

二　国际标准化组织的环境管理体系认证标准

ISO 14000 是国际标准化组织（International Standards Organization，ISO）推出的环境管理系列国际标准，它涉及环境管理的多个不同方面，为企业或其他组织识别和控制环境影响及持续改进环境业绩提供了实用的工具。其中，ISO 14001 和 ISO 14004 关注环境管理体系，其他标准关注特定的环境领域如生命周期分析、沟通与审核等[①]。

ISO 14001 是国际标准化组织有关环境管理体系的主干标准，该标准先后有两个版本，第一个是 1996 年颁布的《ISO 14000：1996——环境管理体系规范及使用指南》，第二个是现行的 2004 年颁布的修订版本《ISO 14001：2004——环境管理体系要求及使用指南》。环境管理涉及的问题非常广泛，但是 ISO 14001 仅涉及环境管理体系要求中可以客观审核的部分，因此是唯一可用于认证目的的

① 资料来源：http：//www. iso. org/iso/home/standards/management - standards/iso 14000. htm。

标准。这是该标准与 ISO 14004 的最大区别，后者是对环境管理体系的原则、系统与支持技术进行规范的通用指南，但不能用于认证目的。

ISO 14001 环境管理体系标准严格规范了组织建立、实施并保持环境管理体系所应遵循的原则与要求，由环境方针、规划、实施与运行、检查和纠正、管理评审五个部分十七个要素构成，是企业及各类组织建立和实施环境管理体系并通过认证的依据（许家林，2009）。该标准的主要目的是帮助组织开发环境政策、建立实现环境承诺的目标和过程、为改进环境业绩采取措施。组织通过建立环境管理体系以达到支持环境保护、预防污染和持续改进的目标，并且可以通过取得第三方认证机构认证的形式，向外界证明其环境管理体系与国际标准的符合性。同时，ISO 14001 可以为公司或组织带来如下好处：降低废物管理成本；节约能源与物质消耗；降低分配成本；改善公司在监管者、顾客及公众面前的社会形象。

ISO 14001 不仅可应用于包括企业、事业单位及政府机关在内的任何组织类型，也可应用于包括中小企业在内的各种规模的组织，还能适应不同的地理、文化和社会背景，并且增强了与 ISO 9001 质量管理体系认证之间的兼容性。因此，在环境保护与可持续发展日益成为全球共识的背景下，ISO 14001 环境管理体系认证被越来越多国家的企业或其他组织所采纳，成为组织环境管理体系达到国际标准的标志，对外有助于组织树立良好的社会形象，对内有助于组织提高环境管理水平、节约资源、降低成本。

三 全球报告倡议组织的《可持续发展报告指南》

全球报告倡议组织（Global Reporting Initiative，简称 GRI）成立于 1997 年，由美国非政府组织环境责任经济体联盟（Coalition for

Environmentally Responsible Economics，简称 CERES）和联合国环境规划署（United Nations Environment Programme，简称 UNEP）共同发起。2002 年，GRI 与 CERES 分离，正式成为一个独立的国际组织，以 UNEP 官方合作伙伴的身份成为联合国成员，在荷兰的阿姆斯特丹设立了永久性研究总部（王军、谢锋、郑飞，2012）。

2000 年，GRI 发布了第一代《可持续发展报告指南》，旨在规范企业或组织公开信息的范围和程序，使集经济、环境、社会三方面业绩于一体的可持续发展报告能像财务报告那样形成一种惯例，但指南并没有制定评价标准。

2002 年，在南非约翰内斯堡召开的第一届可持续发展世界首脑会议上，GRI 颁布了第二代《可持续发展报告指南》，构建了经济、环境、社会三位一体的可持续发展框架，框架包括五部分内容：远景构想与战略、企业概况、企业管理结构和管理体系、内容索引、业绩指标。

2006 年，GRI 发布第三代《可持续发展报告指南》，将可持续发展报告的披露内容界定为三个方面：战略及概况、管理方针、绩效指标。其中，绩效指标是核心，包括经济绩效、环境绩效、社会绩效三方面的指标。

2013 年，GRI 发布第四代《可持续发展报告指南》（以下简称 G4），这一版本的最大亮点是增加了可选择性。在通用披露指标方面，G4 要求企业或组织首先识别自身的核心议题（Identified Material Aspects and Boundaries），再进行选择披露而不是全面披露，从而使指南更具弹性，有利于更多中小企业采用，也有利于可持续发展报告与年度财务报告的整合。在具体披露指标方面，G4 在经济绩效、环境绩效、社会绩效三方面具体指标设定中增加了对供应链、反腐败、温室气体排放等指标的要求[1]。

全球报告倡议组织自发布第一代《可持续发展报告指南》以来，在政府、商界、社会、劳工界引起强烈反响，得到广泛的支持，已经产生了巨大的国际影响。目前，全球已经有5900多个机构在该指南框架指导下编制可持续发展报告书[2]。全球报告倡议组织（GRI）开创了在世界上使用最广泛的《可持续发展报告指南》，并不断改进其应用，旨在制定和发布可持续发展的原则和指标，使得企业等组织能够衡量其经济、环境及社会绩效。根据GRI的最新发展动向，可持续发展报告与财务报告的整合报告（Integrated Reporting）或将成为未来可持续发展报告的发展趋势。

第二节　企业社会责任与环境信息披露的国内发展

一　环境会计与信息披露研究的发展

中国环境会计研究起源于20世纪90年代，开山之作是著名会计学家葛家澍和李若山1992年发表的《九十年代西方会计理论的一个新思潮——绿色会计理论》，该文介绍了绿色会计理论产生的社会原因和国际发展情况。其后，冯淑萍、沈小南（1995）介绍了联合国国际会计和报告标准政府间专家工作组第十三次会议关于其会议主要议题——环境会计问题的讨论；陈毓圭（1998）介绍了联

① Globale Reporting Initiative：G4 Sustainability Reporting Guidelines_ Reporting Principles And Standard Disclosures，2013。

② http：//database. globalreporting. org/。

合国国际会计和报告标准政府间专家工作组第十五次会议讨论通过的企业环境会计和报告的第一份国际指南：《环境会计和报告的立场公告》。王立彦、尹春艳、李维刚（1998）通过针对财会人员的问卷调查，分析了财会人员环境意识、参与环境管理决策、企业环境支出内容及处理方法、环境披露等企业环境会计实务情况并提出相关建议。朱学义（1999）分析了我国建立环境会计的必要性，探讨了我国环境会计核算的内容和核算体系的设置。徐泓、包小刚、刘铭（1999）基于边际效用价值理论讨论了环境会计的计量方法。

进入21世纪之后，中国环境会计研究取得了巨大的进步，研究领域涉及环境会计基本理论、环境信息披露、环境成本管理、排放权交易会计等方面（周守华、陶春华，2012）。2005年之前，我国环境会计研究处于基础理论研究阶段，研究重心是环境会计基本理论，包括环境会计的概念与本质、目标、对象、要素、基本假设、确认要求、计量原则等。虽然研究内容涉及范围全面，但研究内容缺乏系统性和深度，规范性研究文章较多而实证性研究文章较少，研究成果的实践操作性和指导性较欠缺（许家林、蔡传里，2004）。

在环境信息披露领域，最早的研究出现在20世纪90年代末。孟凡利（1999）建立了由目标、假设和原则组成的环境会计基本理论体系，并从环境问题的财务影响和环境绩效两方面对环境会计信息披露的内容及披露模式进行了细致的分析。储一昀（1999）介绍了企业环境信息披露的紧迫性和障碍，并在可持续发展概念的基础上提出企业环境信息披露的原则和具体披露事项。此外，王波、马凤才、张群（1999）根据国外实践经验分析了环境报告的原则、指南、内容和发展趋势。

环境信息披露早期研究以理论分析和企业环境信息披露现状描

述为主。在理论分析方面，除上述三篇文献之外，李连华、丁庭选（2001）分析了企业环境会计信息披露的动因理论解释、披露内容和披露方式。耿建新、刘长翠（2003）分析了企业环境会计信息披露的信息基础与披露内容、环保设施投资效益评价方法，并探索提出具体的企业环境会计信息报告格式。耿建新、房巧玲（2004）分别从总体、宏观、微观三个层次对西方与我国环境会计研究视角的差异进行比较，并提出相关建议。在企业环境信息披露现状描述方面，李建发、肖华（2002）针对问卷调查结果分析了我国企业环境报告的现状和需求情况，构建了一个符合我国可持续发展战略要求的企业环境报告框架。耿建新、焦若静（2002）以沪市强污染行业上市公司为样本，结合相关法规要求分析了样本公司招股说明书中环境信息披露的现状与问题，并提出改进建议。肖淑芳、胡伟（2005）统计分析了沪深两市上市公司年报中环境信息披露的现状，包括披露比例、披露内容、披露形式和披露方式，总结了存在的问题并提出完善我国企业环境信息披露体系的建议。

2006年以来，随着企业环境信息披露数量和质量的不断提升，大样本的经验研究成为可能，并逐渐成为近期公司环境信息披露领域的重要研究方法。该领域近期研究成果包括三类：一是企业环境信息披露的现状与影响因素，如汤亚莉、陈自力、刘星等（2006），李晚金、匡小兰、龚光明（2008），王建明（2008），陈小林、罗飞、袁德利（2010），沈洪涛、李余晓璐（2010），吴德军（2011），毕茜、彭珏、左永彦（2012），黄珺、周春娜（2012），王霞、徐晓东、王宸（2013）等；二是环境信息披露的动机，如沈洪涛、冯杰（2012），沈洪涛、苏亮德（2012），肖华、李建发、张国清（2013）等；三是环境信息披露的市场反应和经济后果，如肖华、张国清（2008），沈洪涛、游家兴、刘江宏（2010），万寿义、刘正阳（2011），张淑惠，史玄玄，文雷（2011），唐国平、李龙会（2011）等。

表2-2是笔者对《中国知网学术期刊全文数据库》收录的1990—2013年发表在核心期刊以及CSSCI期刊的环境会计及与信息披露相关论文的统计情况。

表2-2　　　　中国环境会计与信息披露研究文献统计

文章标题关键词	1990—1995年		1996—2000年		2001—2005年		2006—2010年		2011—2013年	
	CSSCI	核心	CSSCI	核心	CSSCI	核心	CSSCI	核心	CSSCI	核心
环境会计	1	4	18	47	47	167	51	245	18	135
绿色会计	1	2	10	27	6	42	8	43	3	14
环境报告	1	2	1	2	2	12	14	21	0	4
环境披露	0	0	0	0	0	0	0	0	2	2
环境信息披露	0	0	0	1	8	10	36	72	25	69
环境会计信息披露	0	0	1	1	4	13	8	71	3	64

注：表中核心期刊论文发表数量包括CSSCI期刊论文发表数量。

表2-2列示了各时间段环境会计论文（标题中含有环境会计或绿色会计）、环境报告论文、环境信息披露论文（标题中含有环境披露或环境信息披露或环境会计信息披露）的发表数量。通过对表2-2统计结果的分析，可以得到如下结论：

（1）在各类期刊中，“环境会计”概念的使用频率明显高于“绿色会计”。

（2）“环境报告”论文数量低于“环境会计”和“环境信息披露”论文数量，发展较缓慢。

（3）在核心期刊中，“环境信息披露”与“环境会计信息披露”的使用频率相当；但是在学术影响更高的 CSSCI 期刊中，“环境信息披露”的使用频率明显高于“环境会计信息披露”；“环境披露”则仅在近三年的个别文献中使用。

（4）2006 年以来特别是 2010 年之后，“环境信息披露”研究逐渐成为“环境会计”研究的重心。其中，2006—2010 年，核心期刊中“环境会计（含绿色会计）”论文数量（288 篇）远高于“环境信息披露（含环境会计信息披露和环境披露）”论文数量（143 篇）；但 CSSCI 期刊中“环境会计（含绿色会计）”论文数量（59 篇）仅略高于“环境信息披露（含绿色会计）”论文数量（44 篇）；2011—2013 年，核心期刊中“环境会计（含绿色会计）”论文数量（149 篇）略高于“环境信息披露（含环境会计信息披露和环境披露）”论文数量（135 篇）；但是 CSSCI 期刊中“环境信息披露（含环境会计信息披露和环境披露）”相关论文数量（30 篇）已超过“环境会计（含绿色会计）”论文数量（21 篇）。

总之，通过对国内外社会责任会计、环境会计、环境信息披露相关文献研究发展脉络的梳理，可以看出，环境会计研究逐渐从社会责任会计研究中分离出来并繁荣发展，企业环境信息披露逐渐成为近年来环境会计研究的热点领域，特别是在学术影响力更高的重要期刊中这种趋势更为明显。

二　环境信息披露相关的法规制度发展

参考唐建、彭珏、周阳（2012）的研究，本书将我国环境信息披露相关法规制度的发展历程划分为四个阶段：

第一阶段：2000 年以前，环保法律法规很少涉及企业环境信息披露要求阶段。国家先后颁布多部环境保护相关的法律法规，如

《环境保护法》《大气污染防治法》《水污染防治法》及《环境噪声污染防治法》，但这些法律中均较少涉及对企业环境信息披露的要求。财政部先后出台文件，规定对企业环境保护及环境治理行为实行税收优惠政策，如财工字〔1995〕第152号《关于充分发挥财政职能，进一步加强环境保护工作的通知》。

第二阶段：2001—2005年，环保法律法规要求污染严重企业强制公开环境信息阶段。2002年，全国人大常委会发布的《中华人民共和国清洁生产促进法》规定："污染物排放超过国家和地方规定的排放标准或者超过经有关地方人民政府核定的污染物排放总量控制指标的企业，应当实施清洁生产审核""列入污染严重企业名单的企业，应当按照国务院环境保护行政主管部门的规定公布主要污染物的排放情况，接受公众监督"[①]。2003年，原国家环保总局发布《关于对申请上市的企业和申请再融资的上市企业进行环境保护核查的规定》，将重污染行业界定为：冶金、化工、石化、煤炭、火电、建材、造纸、酿造、制药、发酵、纺织、制革和采矿业，要求对重污染行业申请上市和申请再融资且募集资金投资于重污染行业的企业进行环保核查。

第三阶段：2006—2009年，重点企业环境信息强制性披露与其他企业自愿性披露相结合阶段。2006年，深交所发布《深圳证券交易所上市公司社会责任指引》，鼓励企业编制社会责任报告。2007年，原国家环保总局发布《环境信息公开办法（试行）》，规定列入污染严重企业名单的企业应当公开的信息以及国家鼓励其他企业自

① 中华人民共和国主席令第72号：《中华人民共和国清洁生产促进法》2002年6月29日。

愿公开的环境信息。2008 年，上交所发布《上市公司环境信息披露指引》，要求上市公司发生重大环保相关事件时应在两日内及时披露事件情况及影响，并明确了污染严重企业应当披露及其他企业自愿披露的环境信息内容。2009 年，上交所推出上证社会责任指数(000048)，要求指数成分股公司披露社会责任报告和相关环境信息。

第四阶段：2010 年至今，重污染行业上市公司环境信息强制性披露与其他企业自愿性披露相结合的阶段。2010 年，环保部发布《上市公司环境信息披露指南（征求意见稿)》，明确要求“重污染行业上市公司应当定期披露环境信息，发布年度环境报告”“发生突发环境事件或受到重大环保处罚的，应发布临时环境报告”“鼓励其他行业的上市公司参照本指南披露环境信息”。2011 年，环保部发布国内第一部指导企业编制环境报告书的标准性文件《企业环境报告书编制导则》。

通过回顾我国环境信息披露相关法规制度，笔者有两个发现：

第一，对企业环境信息披露的直接要求主要体现在环保部的系列法规文件中，这些要求逐渐严格和具体化：在披露形式上从强制性披露发展到强制性披露与自愿性披露相结合，在披露对象上从排放超标列入污染严重企业名单的企业扩大到所有重污染行业上市公司，在披露时间上从最初没有明确要求发展到明确规定定期披露与临时披露相结合，在披露受众上从有关政府部门扩大到社会公众。尽管环保部 2010 年 9 月 14 日发布的《上市公司环境信息披露指南》只是征求意见稿，由于种种原因目前尚未出台正式稿，但是它已经传递了一个非常明确的信号：重污染行业上市公司定期披露年度环境报告必将成为企业环境信息强制性披露的监管要求。近几年，重污染行业上市公司已经受到社会舆论的广泛关注，众多学者以重污染行业上市公司作为企业环境信息披露研究的对象。因此，本书以是否属于重污染行业将研究样本进一步分类，研究强制性披露与自愿性披露两类企业环境信息披露影响因素的差异，以期对企业环境信息披露动机有更深入的认识。

第二，上市公司是企业环境信息披露的重点监管对象，证监会和证券交易所通常将对上市公司环境信息披露的要求与社会责任信息披露要求相结合，明确要求或鼓励企业发布年度社会责任报告，但并未要求企业编制单独的年度环境报告。笔者认为，环境责任是企业社会责任的一部分，在当前我国社会责任信息披露刚刚起步的情况下，上述规定是比较符合公司实际的，大多数企业还不具备良好的环境管理和环境会计系统，因此，要求所有上市公司编制年度环境报告的条件可能尚不具备。

三　环境信息披露相关的绿色金融政策

自 1987 年世界环境与发展委员会在《我们共同的未来》报告中第一次阐述可持续发展概念以来，可持续发展观念逐渐得到全球的普遍认同。中国也积极参与其中，1991 年，中国发起召开了发展中国家环境与发展部长会议，发表了《北京宣言》。1992 年 6 月，在世界环境与发展大会上，中国政府庄严签署了环境与发展的《里约宣言》。1994 年，国务院批准我国第一个国家级可持续发展战略——《中国 21 世纪人口、环境与发展白皮书》。2007 年，党的十七大报告首次提出建设生态文明。2012 年，党的十八大报告提出大力推进生态文明建设，将中国特色社会主义事业总体布局由“四位一体”扩展到包含“经济体制、政治体制、文化体制、社会体制、生态文明体制”的“五位一体”。2013 年，党的十八届三中全会提出“建设生态文明，必须建立系统完整的生态文明制度体系，用制度保护生态环境”。2014 年 3 月，李克强总理在十二届全国人大二次会议上所作政府工作报告中指出：“生态文明建设关系人民生活，关乎民族未来”“必须加强生态环境保护”“出重拳强化污染防治”“坚决向污染宣战”[①]。可持续发展与生态文明建设是我国经济社会发展的重要方针政策，需要国家在环境立法、环境监管执法、税收配套政策、金融政策等多方面联合采取措施防治污染。

2007 年以来，原国家环保总局牵头相关金融监管机构推出由绿色信贷、绿色保险、绿色证券构成的绿色金融政策，要求各金融机构发挥自身优势，关注企业环境风险，引导和调节资金流向节能环保领域，严控资金流向高耗能高污染行业，最终实现推动国家经济结构调整和经济增长方式转变的目的。

1. 绿色信贷政策

绿色信贷政策是指中央银行为配合国家经济政策和产业政策要求，通过引导、调控和监督各银行机构的信贷总量、信贷投向和信贷质量，实现支持绿色环保产业、限制污染企业的信贷政策。国际上著名的赤道原则（the Equator Principles）就是一项金融行业的绿色信贷原则，它要求金融机构应该判断、评估和管理项目融资中的环境与社会风险，利用金融杠杆促进项目在环境保护以及社会和谐发展方面发挥积极作用。

我国绿色信贷政策的实施是以下列几项文件的发布为标志的。2007 年 6 月，中国人民银行出台《关于改进和加强节能环保领域金融服务工作的指导意见》，要求“加强信贷政策与产业政策的协调

---

① http://www.gov.cn/guowuyuan/2014-03/05/content_2629550.htm。

配合”“严格控制对高耗能、高污染行业的信贷投入，加快对落后产能和工艺的信贷退出步伐”“建立信贷支持节能减排技术创新和节能环保技术改造的长效机制”。2007 年 7 月，原国家环保总局、中国人民银行、中国银监会共同出台《关于落实环保政策法规防范信贷风险的意见》，要求“加强环保和信贷管理工作的协调配合，强化环境监督管理，严格信贷环保要求，促进污染减排，防范信贷风险”。2007 年 7 月和 11 月，中国银监会相继出台《关于防范和控制高耗能高污染行业贷款风险的通知》和《节能减排授信工作指导意见》，要求各金融机构严格限制并持续监控“两高”贷款，推动节能减排工作的实施，加强项目授信的分类管理，防范信贷风险。

2. 绿色保险政策

绿色保险政策是指将责任保险与生态环境保护相结合的保险政策，最典型的是保险公司对污染受害者进行赔偿的环境污染责任保险。具体地说，绿色保险是指企业作为被保险人向保险公司投保，若企业在保险责任期内对大气、土地、水等自然环境或生态系统造成了污染和破坏，以企业对所造成的事故后果承担赔偿和治理责任为保险标的的保险政策。

20 世纪 90 年代初，我国在海洋石油勘探与开发领域开始探索环境责任强制保险，但实施仅限于少数几个城市的个别企业。2006 年，国务院在《关于保险业改革发展的若干意见》中提出大力发展责任保险，其中包括环境污染责任保险业务。2007 年，原国家环保总局与中国保监会联合发布《关于环境污染责任保险的指导意见》，这是我国正式建立环境污染责任保险制度的开端。目前，多个省市的多个行业已经开始试点环境污染责任保险，取得初步成效。

3. 绿色证券政策

绿色证券政策是指上市公司首次公开发行上市及上市后再融资的过程中，要经由环保部门环保核查才能上市或再融资的政策。这种政策从直接融资角度限制了资本市场资金流向污染企业，可以促进金融市场与环境保护的双向互动。原国家环保总局2007年发布《关于进一步规范重污染行业生产经营公司申请上市或再融资环境保护核查工作的通知》、2008年发布《关于加强上市公司环境保护监督管理工作的指导意见》等文件，这些文件的出台标志着我国绿色证券政策的正式实施。绿色证券政策是证券监管与环境保护的结合，它的推行有利于遏制资金注入高耗能高污染企业，也有利于推动上市公司环境信息披露。

四 媒体及社会组织对企业社会责任实践的推动

除了证监会、证券交易所等监管机构的法规政策指引作用之外，媒体与社会中介组织在推动企业履行社会责任、发布社会责任报告方面发挥了重要的作用。下面介绍几个在推动中国企业履行社会责任方面比较有代表性的组织及其贡献。

1. 中国社会科学院企业社会责任研究中心

中国社会科学院经济学部企业社会责任研究中心成立于2008年2月，是中国社会科学院主管的学术研究机构，也是企业社会责任领域唯一的国家级研究机构和最高理论研究平台[①]。该中心的目标是建立“中国特色、世界一流社会责任智库”，积极履行研究者、推进者和观察者的责任。

作为研究者，该中心开展中国企业社会责任问题的系统理论研

---

① http://www.cass-csr.org/index.php?option=com_homepage.

究，先后颁布了三个版本的《中国企业社会责任报告编写指南》并推动该指南的持续修订；发布《中国企业社会责任报告评级标准》；组织出版《中国企业社会责任》文库，推动中国特色的企业社会责任理论体系的形成和发展。

作为推进者，该中心承担政府部门、社会团体和企业等各类组织社会责任领域的项目调研和研究服务，为其提供社会责任咨询和建议；组织中国企业社会责任公益讲堂等研讨交流活动；编写符合中国国情的企业社会责任系列培训教材；开展社会责任培训及 MBA 教育，分享企业社会责任研究成果。

作为观察者，该中心自 2009 年以来连续每年出版《中国企业社会责任蓝皮书》，分别披露国有企业 100 强、民营企业 100 强、外资企业 100 强社会责任发展指数，2013 年还对上市公司 300 强以及银行、房地产、汽车等重点行业代表性企业的社会责任发展水平进行评价；自 2011 年起连续每年发布《中国企业社会责任报告白皮书》，研究记录我国企业社会责任报告发展的阶段性特征及行业特征；主办“责任云”（www. zerenyun. com）平台以及相关技术应用。

2. 润灵环球责任评级

润灵环球责任评级（Rankins CSR Ratings，RKS），简称润灵环球，其前身是成立于 2007 年的润灵公益事业咨询的公众产品事业部，2010 年剥离更名后成为中国第一家第三方社会责任评级机构，致力于为投资者、消费者及社会公众提供客观科学的企业社会责任评级信息①。

① http：//www. rksratings. com/.

润灵环球拥有自主研发的国内首个上市公司社会责任报告评级系统，自2009年开始每年召开A股上市公司社会责任报告高峰论坛，构建了始自2010年的上市公司社会责任评级数据库，该数据库早期可免费使用，在社会及研究者中具有一定的影响力。润灵环球的合作伙伴包括和讯网、远持责任管理顾问等媒体和机构。

3. 企业可持续发展报告资源中心

企业可持续发展报告资源中心是由商道纵横、环保部宣教中心等机构合作创建的开放式网络信息共享平台，该网站一方面收集企业发布的可持续发展报告、社会责任报告、环境报告或其他类型的非财务报告，甚至是年度报告中有关环境、社会问题的信息；另一方面提供专家对报告的打分，并邀请读者从治理与战略、管理指标、绩效陈述、可获得性与审计四个方面为报告打分。因此，企业可持续发展报告资源中心网站可以为公众提供中国企业可持续发展报告、社会责任报告、环境报告等的搜索、基本信息和下载，也提供企业可持续发展报告的国内外前沿信息，旨在促进企业可持续发展报告的交流与发展①。

企业可持续发展报告资源中心的合作伙伴是全球报告倡议组织GRI，双方于2009年9月签署备忘录，就定期交换各自网站的数据达成协议。双方定期对各自收集的使用GRI指南编制的企业社会责任报告或可持续发展报告信息进行互换共享，以便双方网站能够清晰反映全球范围内使用GRI指南编写的可持续发展报告的数量及其他基本信息。

① http：//www. sustainabilityreport. cn/.

4. 中国上市公司社会责任研究中心

中国上市公司社会责任研究中心是由《证券时报》主办的资本市场社会责任研究平台，是国内首个专门研究上市公司非财务信息披露的专业机构。该中心依托证券时报的媒体地位和媒体资源，开展中国上市公司非财务信息披露的研究，通过监测、梳理和挖掘上市公司社会责任相关信息，形成各类社会责任研究产品，并向监管部门、上市公司、金融机构等资本市场主体提供社会责任相关服务。其主要职能包括三方面：在上市公司非财务信息披露研究方面，构建上市公司非财务信息披露理论体系及披露标准、发布系列研究报告、进行管理培训；在上市公司非财务信息披露服务方面，开辟上市公司非财务信息披露媒体发布平台、社会责任专业频道和证券时报专版、建立社会责任管理案例库、提供品牌策划服务；在上市公司非财务信息管理服务方面，提供上市公司非财务信息管理咨询服务①。

2011 年，中国社科院企业社会责任研究中心与《证券时报》社联合发布《中国上市公司非财务信息披露报告（2011）》。2012 年和 2013 年，中国上市公司协会和《证券时报》社连续两年联合发布《中国 A 股上市公司社会责任报告研究》，从报告数量、发布形式、地域分布、行业差异等多个维度统计分析 A 股上市公司社会责任报告的发布情况。通过连续追踪上市公司社会责任实践发展的动态和趋势，中国上市公司社会责任研究中心旨在推动资本市场非财务信息完整、准确、及时披露，促进透明的非财务信息披露市场环境的形成。

---

① http：//csr. stcn. com/common/csr/index. html.

5. 金蜜蜂企业社会责任中国网

企业社会责任中国网是由《WTO 经济导刊》与金蜜蜂公司社会责任咨询共同主办的，推动中国企业履行社会责任和倡导可持续发展的第一门户网。与环境和社会和谐共生、可持续发展的企业被称为蜜蜂型企业；2005 年开始举办企业社会责任国际论坛；2008 年开始发布“金蜜蜂企业社会责任 · 中国榜”；2010 年开始发布《金蜜蜂中国企业社会责任报告研究》；2011 年发起“中国金蜜蜂 2020 社会责任倡议”，涉及与企业可持续发展息息相关的十个议题①。此外，还成立金蜜蜂社会责任教育中心、金蜜蜂理事会等机构，推动企业社会责任理念的形成和社会的可持续发展。

除此之外，《南方周末》于 2008 年成立中国企业社会责任研究中心；《第一财经》发布“中国企业社会责任榜”；财富中文网主办推出“中国企业社会责任 100 强排行榜”等。由此可见，近年来，部分新闻媒体和专业的社会责任咨询、评估机构纷纷设立各种社会责任奖项及排行榜，客观上促进了社会责任理念在社会上的传播，推动了我国企业履行社会责任的实践。但是，这些社会责任奖项及排行榜中对于企业社会责任信息披露的评价标准并不统一，且各种排行榜太多，没有形成合力，一定程度上削弱了媒体社会监督作用的发挥。

① http：//www. csr - china. net/.

第三节　本章小结

本章通过对国内外环境信息披露相关研究发展脉络的梳理，展示了环境信息披露逐渐从环境会计、社会责任会计中分离出来并繁荣发展的历程；介绍了 ISO 14001 环境管理体系认证国际标准及全球报告倡议组织的可持续发展报告指南；总结了国内企业社会责任与环境信息披露法规制度发展、绿色金融政策、媒体及社会组织实践推动等情况，为后续研究提供相关的背景分析资料。

第三章　企业环境信息披露的文献综述

本章对企业环境信息披露领域的现有研究成果进行回顾，主要从环境信息披露的内容与衡量方法、影响因素、动机与经济后果等方面进行总结。其中，披露内容与衡量方法的研究能够将企业披露的环境信息定量化，是企业环境信息披露实证研究的基础；影响因素研究是当前的研究重点；动机与经济后果研究是新兴的研究方向。

第一节　企业环境信息披露的内容与衡量方法

一　企业环境信息披露的内容

国外研究对于企业环境信息披露内容的划分存在两种比较具有代表性的做法：一是 Wiseman（1982）从经济因素、环境诉讼、污染减轻和其他环境事项等方面将环境信息划分为四大类十八个项目，这一分类被后来的研究者广为参考；二是 Guthrie 等（2008）参考全球报告倡议组织 GRI 发布的《可持续发展报告指南》的披露类型和项目对公司环境信息披露内容进行分类，也有不少研究者采用类似方法。

我国学者对于企业环境信息披露内容的研究，早期以理论探讨或对企业实际披露内容的统计分析为主。孟凡利（1999）认为，企业环境会计信息披露应包括环境问题的财务影响和环境绩效两个方面，前者是指生产经营带来的环境问题对企业财务状况（资产、负债、所有者权益）、经营成果（支出、收益）及现金流量的影响，设想可以在现有报表内增设项目或增加补充报表或在报表注释中披露；环境绩效信息包括环境法规执行情况、环境质量情况、环境治理和污染物利用情况等信息，设想在现有各类报告中披露或编制单独的环境报告。耿建新、刘长翠（2003）认为企业环境会计信息报告应披露的内容包括环境支出、环境保护收益、环境负债、环保设施投资及运行效益。肖淑芳、胡伟（2005）统计了沪深两市公司年报中披露的环境信息，发现环保投资、政府环保补助、排污费、资源税与资源补偿费、绿化费、ISO 环境体系认证等是企业披露较多的项目，而环保借款以及环保诉讼、罚款、赔偿与奖励等项目披露较少；企业很少对与环境相关的资产、负债、收益等设置专门账户进行反映。

国内学者对企业环境信息披露的近期研究中，各学者根据研究问题的侧重点不同，对环境信息披露内容进行了不同的界定，但总体上参考了环保部、上交所等机构所发布法规文件中对企业环境信息披露的要求或指导意见。例如，沈洪涛、李余晓璐（2010），沈洪涛、冯杰（2012）等参照原国家环保总局《环境信息公开办法（试行）》规定并结合上市公司披露特点，将环境信息披露内容分为六项：企业环保方针、年度环保目标及成效；年度资源消耗总量；环保投资和环境技术开发、环保设施建设及运行情况；污染物排放，生产中废物处理、处置及废弃产品回收、综合利用情况；环保费用化支出；其他。王霞、徐晓东、王宸（2013）根据前人文献和《环境信息公开办法（试行）》规定，将环境信息划分为十大类：企业环保投资和环境技术开发；与环保相关的政府拨款、财政补贴与税收减免；企业污染物的排放及排放减轻情况；ISO环境体系认证相关信息；生态环境改善措施；政府环保政策对企业的影响；环保贷款；与环保相关的法律诉讼、赔偿、罚款与奖励；企业环保理念和目标；其他与环境有关的收入与支出项目。毕茜、彭珏、左永彦（2012）根据《环境信息公开办法（试行）》《上海证券交易所上市公司环境信息披露指引》及《上市公司环境信息披露指南（征求意见稿）》的相关规定，将环境信息划分为披露载体、环境管理、环境投资、环境负债、环境成本、环境业绩与环境治理、政府监管与机构认证等七大类二十四个项目。

此外，有些学者在国家法规文件要求或鼓励企业披露的环境信息内容的基础上，根据研究需要加入了一些新的内容，例如，王建明（2008）从会计信息质量特征出发，在专家问卷调查及访谈的基础上，将环境信息披露内容界定为七大类二十二个项目，并对每个项目赋予不同的权重，七大类内容包括：企业环境政策信息、环境责任信息、环境保护信息、环境信息的质量控制、统一的信息产生制度、特殊环境信息的补充披露、明晰易读等。肖华、张国清（2008）将环境信息披露分为七大类三十六项，七大类内容包括：环境支出与风险、法律与规章制度、污染减轻、土地污染和整治、可持续发展报告、环境管理以及其他。

二　企业环境信息披露的衡量方法

李正、向锐（2007）在总结前人文献的基础上认为，社会责任会计法、声誉评分法、内容分析法和指数法是公司社会责任信息披露计量的四种常用方法，其中使用较多的方法是内容分析法和指数法。沈洪涛、李余晓璐（2010）认为，内容分析法是社会责任与环境信息披露研究最主要和最多被采用的方法。

内容分析法最早于20世纪初产生于传播学领域，后来被广泛运用于新闻传播、图书情报、政治军事等社会科学各领域。这种方法能够将定性内容定量化，通过对内容的分类和分析，找出事物发展的本质规律和趋势。运用内容分析法时需要将文字或图表等非定量内容转化为定量数据，这就需要首先确定题目、分析类别、分析单元及评分标准，这一过程是主观的，应具有理论依据，一旦评分标准确定，后续的研究过程被认为是客观的。

Guthrie、Mathews（1985）指出，采用内容分析法要注意以下四个问题：第一是清晰界定分析类别；第二是客观性，每一类别要准确定义以方便判断某一项目是否属于某一特定类别；第三是需要将信息定量化，应制定如何将信息转化为定量形式的编码规则即评分标准；第四是需要一个可靠的评分者以保持评分的一致性。内容分析法的局限性之一是解释的主观性。Milne、Adler（1999）认为，内容分析法的可靠性涉及两个独立的问题：第一个问题是内容分析者分析过程中产生编码信息的可靠性问题，通常可以通过使用多位编码者并说明编码者之间编码结果差异很小来证明，或者也可以由唯一的一位接受过充分培训的编码者编码，并且通过测试样本说明编码者的编码信息达到了可接受的可靠性水平；第二个问题是编码工具本身的可靠性问题，通过增加特定编码工具的可靠性即保证分类类别和编码规则的具体设定，内容分析者可以降低使用多位编码者的必要。

最早在企业环境信息披露研究领域使用内容分析法的是Wiseman（1982），其后这种方法被广泛使用，如Guthrie、Parker（1990），Gray、Kouhy、Lavers（1995），Deegan、Gordon（1996），Patten（2002），Guthrie等（2008），等等。使用内容分析法时需要选择分析单元，即用以标记并被放入特定分类项目的一个特定内容部分，如书面交流中可选择词、句子或页作为分析单元。运用分析单元进行内容分析时，涉及数量和质量两方面的分析。西方社会与环境信息披露文献中，在披露数量分析方面，通常使用报告中句子（行）出现频率的统计方法，这是由于句子比页更具体，比词表达的含义更明确，并且更适于将图表信息转化成对应行数，因此句子（行）统计法可以提高分析的有效性，使进一步的内容分析更完整、可靠和有意义（Milne、Adler，1999）；在披露质量分析方面，通常选择主题、披露方式（货币性、非货币性、描述性）、金额、披露位置、可审核性、公开性等指标（Gray et al.，1995）。

国内对于公司环境信息披露的研究中，有的明确表示采用的是内容分析法，如沈洪涛、李余晓璐（2010），王霞、徐晓东、王宸（2013），毕茜、彭珏、左永彦（2012）等，有的则表示采用的是指数法，如汤亚莉等（2006）、王建明（2008）等。但是，经过研究分析发现，这些研究的总体思路和具体步骤是一致的，区别仅在于环境信息披露的最终评价指标略有不同，有的是各内容项目评价得分直接汇总后的评价总得分，有的是由各项目得分进一步计算得到的评价指数。由此可见，国内对于企业环境信息披露的研究多数采用的是内容分析法与指数法相结合的方法，即在对企业环境信息披露内容进行分析归类的基础上，按照一定的评分标准计算环境信息披露得分或环境信息披露指数。具体步骤为：首先，根据理论文献或法规文件等将公司环境信息披露内容划分为一定的类别和项目，并设定评分标准，各信息项目评分时可能赋予相同的权重或不同的权重；其次，根据评分标准对公司年报、独立报告、网站等来源披露的环境信息打分，评分标准可能是两值打分法（披露某项目赋1分，未披露赋0分），也可能是根据披露详细程度或量化程度等质量因素采用三值打分法或五值打分法甚至七值打分法；最后，将各类别项目得分直接加总得到环境信息披露总得分，或者考虑项目权重计算加权平均得分，或者以总得分除以理想状态最佳得分得到公司环境信息披露指数。

运用内容分析法时，首先需要将公司环境信息披露的内容划分为不同的类别和项目，国内外不同学者的分类标准不尽相同。例如，Wiseman（1982）从经济因素、环境诉讼、污染减轻和其他环境事项等方面划分了四大类十八个项目；Guthrie等（2008），何丽梅、侯涛（2010）等参考全球报告倡议组织GRI《可持续发展报告指南》确定披露类型和项目；沈洪涛、李余晓璐（2010），胡立新、王田、肖田（2010），毕茜、彭珏、左永彦（2012）等参照环保部《环境信息公开办法（试行）》《上市公司环境信息披露指南（征求意见稿）》等文件划分信息类别和项目。同时，学者们往往根据研究问题划分环境信息内容类别，如Guthrie等（2008）关注行业影响，因而在GRI《可持续发展报告指南》二十四个环境信息项目的基础上加入了六个行业特定项目；王建明（2008）从会计信息质量特征的角度划分环境信息披露内容。

在环境信息披露内容的评分标准方面，国外研究多从数量和质量两个方面进行研究，国内研究同时从数量和质量方面进行研究的并不多见，具有代表性的是沈洪涛的系列研究成果：如沈洪涛、李余晓璐（2010），杨熠、李余晓璐、沈洪涛（2011），沈洪涛、冯杰（2012），考虑了环境信息披露的数量和质量，其中数量方面以环境信息披露内容的行数作为评分标准，质量方面以环境信息披露内容的显著性（披露位置）、量化性（文字、数量、货币量）和时间性（现在、未来、现在与过去对比）三个维度作为评分标准。国内研究中，单独从环境信息披露数量方面进行评价的研究也不多见，如何丽梅、李世明、侯涛（2010）对2008年上市公司社会责任报告中环境信息披露的页数进行了统计分析。综合来看，目前我国大多数研究对于公司环境信息披露评分标准的设定或多或少地考虑了一些重要的环境信息披露质量因素，如环境信息披露的详细程度、量化程度等。

在环境信息披露的具体评分规则方面，最简单的评分标准是两值打分法（披露某项目得1分，未披露得0分）。多数研究采用的是三值打分法或四值打分法，但评价标准略有差异，如王建明（2008）的评分标准是：无信息得0分、非货币性信息得1分、货币性信息得2分；毕茜、彭珏、左永彦（2012）的评分标准是：无描述得0分、一般定性描述得1分、定量描述得2分；陈小林、罗飞、袁德利（2010），王霞、徐晓东、王宸（2013）采用四值打分法的评分标准为：无披露得0分、一般描述性信息得1分，具体非货币化信息得2分，详细的货币化信息得3分。有些研究进行了更为细致的区分，采用五值打分法甚至七值打分法，如李诗田（2009）采用七值打分法的评分标准为：无披露得0分，简单披露得1分，详细披露得2分，定量披露得3分，定量且能够与前一年度比较得4分，定量且能够与国家标准或行业标准或竞争对手比较得5分，前述定量信息比较基础上披露了负面信息得6分。

总之，目前国内对于企业环境信息披露内容及衡量方法的研究具有较大的一致性：在环境信息披露内容项目设置方面，大多参考了环保部等机构所发布法规文件中对企业环境信息披露内容的要求；在环境信息披露的衡量方法方面，大多采用内容分析法与指数法；在环境信息披露内容具体评分标准方面，大多考虑量化性、详细程度等质量因素采取三值打分法或四值打分法。

第二节　企业环境信息披露的影响因素

在企业环境信息披露研究领域，影响因素研究是国内外学者最为关注也是研究成果最多的领域之一。学者们研究视角各不相同，有的从企业内部的公司特征、公司治理等方面展开研究，有的从企业外部的制度因素、舆论因素、市场因素等角度展开研究，但研究结论不尽一致。

一　公司特征与环境信息披露

国内外研究表明，公司规模、公司财务绩效（盈利能力）、公司财务杠杆、公司行业特征（是否属于环境敏感行业或重污染行业）、上市年限等因素与企业环境信息披露水平相关。其中，早期研究中经常将公司规模、盈利能力、负债程度作为解释变量，这三个因素在大量研究中被证明与企业环境信息披露水平具有相关性，近期研究中通常将这三个因素作为控制变量。

1. 公司规模

国内外环境信息披露研究一致发现：企业环境信息披露水平与公司规模呈正相关，如 Dierkes、Coppock（1978），Trotman、Bradley

(1981), Patten (1992), Deegan 等 (1996), Brammer 等 (2006), Brammer、Pavelin (2006), 汤亚莉、陈自力、刘星、李文红 (2006), 李晚金、匡小兰、龚光明 (2008), 朱金凤、薛惠锋 (2008), 贺红艳、任轶 (2009) 等。近期研究中，一般将公司规模作为控制变量，如沈洪涛、李余晓璐 (2010), 吴德军 (2011)。公司规模与环境信息披露的正相关关系，一般被解释为大公司比小公司占用更多资源，受到更多社会关注，因而需要披露更多的环境信息。

2. 公司财务绩效

企业环境信息披露水平与其财务绩效（一般用盈利能力衡量）的关系，国内外实证研究没有得到一致的结论。发现两者呈正相关关系的研究有：Belkaoui (1976), Bowman (1978), Anderson、Frankle (1980), Frost (2000), 汤亚莉等 (2006), 阳静 (2008), 田云玲、洪沛伟 (2010), 杨熠、李余晓璐、沈洪涛 (2011), 毕茜、彭珏、左永彦 (2012) 等；发现两者呈负相关关系的研究有：Ingram、Frazier (1980), Freedman、Jaggi (1982), 李正 (2006) 等；发现两者无显著相关关系的研究有：Hackson、Miline (1996), 朱金凤、薛惠锋 (2008), 李戈 (2010), 王建明 (2008), 吴德军 (2011), 郑春美、向淳 (2013)。总体来看，发现公司财务绩效与环境信息披露呈正相关或不相关的研究较多，呈负相关的研究较少。一般的解释是，财务绩效好的公司有能力承担更多的环境责任，披露更多的环境信息。

3. 公司财务杠杆

财务杠杆（负债程度）反映公司的财务风险，发现企业环境信息披露水平与其财务杠杆呈正相关关系的研究有：Leftwich (1981),

McGuire等（1988），Orlitz、Benjamin（2001），Richardson等（2001），FerguSon（2002），Alciatore等（2006），Clarkson等（2008），龚蓉（2011），杨熠、李余晓璐、沈洪涛（2011），石旦（2013），郑春美、向淳（2013）等；发现两者负相关的研究有：Eng、Mark（2003），Cormier、Magnan（2003），唐久芳、李鹏飞（2008）。发现两者无显著相关关系的有：朱金凤、薛惠锋（2008），李晚金、匡小兰、龚光明（2008），王建明（2008），沈洪涛、程辉、袁子琪（2010）等。总体来看，发现公司财务杠杆与环境信息披露呈正相关或不相关的研究较多，呈负相关的研究较少。一般的解释是，财务杠杆高的公司财务风险比较高，受到债权人及其他利益相关者的关注度比较高，需要披露更多的环境信息让外界了解公司的环境风险。

4. 公司行业特征

国内外研究一致认为，行业特征会影响企业环境信息披露水平。Dierkes、Preston（1977）等发现环境敏感型行业如采掘业公司会披露更多的环境影响信息；Cowen、Ferreri、Parker（1987）认为消费者导向型公司会披露更多的社会责任信息以树立公司形象和影响销售额；Patten（1991）从政治压力角度解释了环境信息披露的行业差异；Roberts（1992）发现受关注高的行业更可能披露社会责任信息。国内研究聚焦于环境信息披露方面受国家法律法规影响较大的重污染行业，研究普遍发现重污染行业公司的环境信息披露水平更高，如：王建明（2008），朱金凤、薛惠锋（2008），陈小林、罗飞、袁德利（2010），吴德军（2011），林晓华、唐久芳（2011），王霞、徐晓东、王宸（2013）等。

5. 公司环境绩效

对于公司环境绩效与环境信息披露之间的关系，国外文献比较多，但结论不太一致，研究发现两者之间可能存在正相关、负相关、不相关、U 形关系四种情况（孟晓俊、褚进，2013）。支持两者正相关关系的研究有：Al – Tuwaijri、Christensen、Hughes（2004），Clarkson 等（2008），等等；认为两者存在负相关关系的研究有：Hughes 等（2001），Patten（2002），Cho、Patten（2007）等；认为两者不相关的研究有：Ingram、Frazier（1980），Freedman、Jaggi（1982），Wiseman（1982），Freedman、Wasley（1990）等；此外，Dawkins、Fraas（2011）发现环境绩效与环境信息披露呈 U 形相关关系。目前，我国国内对于公司环境绩效与环境信息披露之间关系的研究较少，主要原因可能在于我国还缺少国外那种对公司环境绩效评价排名的权威机构以及污染物排放数据库，从而导致研究中对于公司环境绩效的衡量非常困难。不过，还是有部分研究者从样本选择的角度克服了上述困难，但他们的研究结论并不一致，如吕峻、焦淑艳（2011）研究发现环境披露与环境绩效之间存在显著负相关关系，陈璇、Lindkvist K. B.（2013）发现环境绩效与环境信息披露水平正相关，沈洪涛、黄珍、郭肪汝（2014）则发现企业环境表现与环境信息披露之间存在显著的 U 形关系。

除上述因素以外，公司上市年限、固定资产新旧程度、公司上市地、公司所处地理区域等公司特征因素也被证明与企业环境信息披露水平相关。

二　公司治理与环境信息披露

前人文献发现，公司治理中的股权结构、董事会结构、监事会结构及其他委员会设置等因素与企业环境信息披露相关。

1. 股权结构

控股股东性质及持股比例方面，孙烨、孙立阳、廉洁（2009），卢馨、李建明（2010），吴德军（2011），杨熠、李余晓璐、沈洪涛（2011），黄珺、周春娜（2012），毕茜、彭珏、左永彦（2012）等发现国有控股的上市公司环境信息披露水平高于非国有控股公司。陈小林、罗飞、袁德利（2010）发现国有股比例与环保信息披露质量显著正相关。

股权集中度方面，杨熠、李余晓璐、沈洪涛（2011）发现第一大股东持股比例与环境信息披露正相关；黄珺、周春娜（2012）发现控股股东持股比例、股权制衡度（第二至第五大股东持股比例之和/控股股东持股比例）与环境信息披露水平显著正相关；王霞、徐晓东、王宸（2013）发现前五大股东持股比例的平方和与环境信息披露水平正相关。舒岳（2010）、郭秀珍（2013）的研究也有类似结论。

高管持股方面，蒋麟凤（2010）发现高管持股与环境信息披露水平负相关；黄珺、周春娜（2012）发现高管持股比例与环境信息披露水平显著正相关；舒岳（2010）发现两者无显著相关关系。

此外，阳静、张彦（2008）发现流通股比例与环境信息披露水平正相关；李晚金、匡小兰、龚光明（2008）发现法人股比例与环境信息披露水平负相关；舒岳（2010）发现机构持股比例与环境信息披露水平无显著相关关系。

2. 董事会结构

独立董事方面，Forker（1992），阳静、张彦（2008），陈小林、罗飞、袁德利（2010），舒岳（2010），毕茜、彭珏、左永彦（2012），郭秀珍（2013）等发现独立董事比例与环境信息披露水平存在正相关关系；Eng、Mak（2003）发现两者存在负相关关系；李晚金、匡小兰、龚光明（2008），胡立新、王田、肖田（2010）等发现两者不存在显著相关关系。

董事长与总经理两职合一方面，Forker（1992）、舒岳（2010）、张猛（2010）发现两职合一与公司环境信息披露水平之间存在显著负相关关系；李晚金、匡小兰、龚光明（2008）未发现两者存在显著相关关系。

此外，陈小林、罗飞、袁德利（2010）研究发现董事会会议频率与环保信息披露质量正相关。

3. 监事会结构

杨熠、李余晓璐、沈洪涛（2011），郭秀珍（2013）研究发现监事会规模与环境信息披露水平相关系数为正，但未通过显著性检验。刘莉莉（2012）研究发现职工监事人数与环境信息披露水平相关系数为正，但未通过显著性检验。

4. 其他方面

杨熠、李余晓璐、沈洪涛（2011）发现公司设立环保部或者环保子公司对其环境信息披露水平的提高影响显著。郭秀珍（2013）发现经理层薪酬与企业环境信息披露具有正相关关系。

总之，对于公司治理因素与环境信息披露的关系，现有研究还没有形成统一的认识，研究结论不尽一致。

三　外部压力与环境信息披露

利益相关者理论和合法性理论为企业环境信息披露提供了分析框架和理论基础，从外部压力角度考虑企业环境信息披露的影响因素是近年来的一个重要研究方向。Cho、Patten（2007）认为，来自政府、客户、社区、公众、媒体等的外部压力会促使企业减少环境污染排放，增加环境信息披露。Darrell、Schwartz（1997）认为环境事故发生造成的压力能推动企业环境信息披露水平的提高。

1. 政府政策压力

Hughes 等（2001）研究发现，美国 FASB 和 SEC 的环境信息披露审查导致环境业绩差的公司增加了环境披露。Frost（2007）研究发现，澳大利亚公司环境信息披露数量和质量的提高与该国 1988 年《公司法》对于环境信息披露强制要求的出台显著相关。Freedman 等（2005）研究发现，是否来自签订《京都议定书》的国家是影响企业环境信息披露的因素之一。

在我国，近年来环保部、证券监督管理委员会、证券交易所等机构相继发布针对企业或上市公司的环境信息披露政策，学者们根据政策规定将企业所属行业划分为重污染行业与非重污染行业，由于重污染行业上市公司受到国家环境披露政策的影响更大，其环境信息披露水平也更高，这一结论在多项研究中被证实，如王建明（2008），朱金凤、薛惠锋（2008），陈小林、罗飞、袁德利（2010），吴德军（2011），林晓华、唐久芳（2011），王霞、徐晓东、王宸（2013）等。在政府政策压力方面，较具特色的研究有以下几项：

王建明（2008）收集了 1996—2006 年间颁布的有关环境的法律及部门性规章，以各行业环境监管法规数量作为外部制度压力的代理变量，研究发现：企业所属行业受到的环境监管制度压力越大，企业环境信息披露水平越高。

吴德军（2011）基于上交所 2008 年出台《上市公司环境信息披露指引》及 2009 年推出社会责任指数的政策背景，研究发现：纳入上证社会责任指数成分股的上市公司 2009 年环境信息披露水平比 2008 年显著提高，从而为上交所要求成分股公司强制披露政策的实施效果提供了经验证据。

毕茜、彭珏、左永彦（2012）以环保部与上交所环境信息披露政策集中发布的2008年作为环境信息披露制度的实施元年，研究发现：环境信息披露制度能够促进企业环境信息披露水平的提高，且公司治理能够增强制度对企业环境信息披露的促进作用。

毕茜、彭珏（2013）研究了环保部和上交所分别于2008年颁布的环境信息披露政策哪个执行效果更好，结果发现：政策发布之前，深交所和上交所公司环境信息披露水平无显著差异，但2008年政策发布之后，上交所公司环境信息披露水平显著高于深交所公司，从而认为上交所发布政策的有效性比环保部政策的有效性更强。

2. 社会舆论监督压力

社会舆论监督压力主要来自媒体和公众舆论监督，也来自会计师事务所等社会中介机构的监督。Brown、Deegan（1998）研究发现：媒体关注度与行业环境信息披露水平显著相关，且媒体负面报道会促进公司披露更多正面环境信息。Deegan等（2000）发现媒体对公司环境表现的报道与公司环境信息披露正相关。Bewley、Li（2000）发现媒体关注度高的企业更可能披露笼统的环境信息。Brammer、Pavelin（2008）研究发现：正常情况下媒体报道对公司环境信息披露影响不大，但当环境事故发生后，媒体报道引发了公司对事故相关信息更多的披露。

沈洪涛、冯杰（2012）以媒体对企业环境表现报道的倾向性系数作为舆论监督压力的代理变量，研究发现：舆论监督压力与环境信息披露显著负相关，媒体报道越负面，企业环境信息披露水平越高。郑春美、向淳（2013）以来自《中国证券报》等财经媒体上以样本公司为标题收集的新闻条数作为媒体关注程度的代理变量，研究发现：媒体关注度与企业环境信息披露水平正相关。

王霞、徐晓东、王宸（2013）以产品是中国名牌或著名商标体现的品牌声誉作为社会声誉的代理变量，结果显示：社会声誉与企业环境信息披露水平显著正相关。张彦、关民（2009）以中国公众环保民生指数排行榜作为公众环保意识的代理变量，以公司聘用的会计事务所综合排名在前30名之内作为社会监督水平的替代变量，但研究发现公众环保意识、社会监督水平与企业环境信息披露水平无显著相关性。

3. 环境事故压力

Patten（1992）研究发现：阿拉斯加石油泄漏事件发生后，涉事的Exxon公司在年报中大大增加了对该石油泄漏事件及后续清除情况的信息披露，整个石油行业公司的环境信息披露也显著增加。Walden等（1997）研究发现：1989年埃克森瓦尔迪兹原油泄漏事故发生之后，四个相关行业公司的环境信息披露显著增加。Deegan等（2000）研究发现：国际国内环境相关事故发生后，与肇事公司同行业的澳大利亚公司普遍在年报中披露了更多的社会与环境信息。

肖华、张国清（2008）研究发现：松花江事件发生后，资本市场对当事者吉林化工及同行业公司做出了负面反应，这些公司的环境信息披露则显著增加。张国清、肖华（2009）研究了重庆开县井喷事件、贵阳电厂黑尘暴污染事件、松花江事件、广西北江镉污染事件对肇事公司及其所属采掘业、电力、化工业和冶金业等行业的影响，发现类似的结论：环境事故发生之后，企业环境信息披露显著增加。

第三节　企业环境信息披露的动机与经济后果

一　企业环境信息披露的动机

现有研究中涉及的企业环境信息披露动机主要包括合法性管理动机、经济性动机、社会性动机和政治性动机。

1. 合法性管理动机

合法性概念强调企业与其所处环境特别是制度环境的关系。Parson（1960）将组织合法性界定为组织的价值体系与其所处社会制度的一致性。Scott（1995）认为制度环境由规制、规范和文化认知共同构成。合法性有两个流派：一个流派认为，外部制度环境中公众的一般信念体系会对企业的生存与发展产生压力，强调的是外部合法性压力；另一个流派认为，合法性是一种能够帮助企业获得其他资源的重要资源，强调的是合法性管理。Lindblom（1994）详细阐述了企业进行合法性管理可以采取的四种战略：一是设法教育和告知相关公众有关企业表现和行为的改变；二是设法改变相关公众的认识，而不是改变企业的实际行为；三是故意将公众视线从其关注的问题引向其他相关方面；四是试图改变外部公众对企业表现的期望。由此可见，四种合法性管理战略的实现都需要借助信息披露与公众进行沟通，信息披露是企业合法性管理的重要手段（沈洪涛，2011）。

实证研究方面，Patten（1992），Deegan 等（2000），肖华、张国清（2008）等发现环境事故发生后，肇事公司及同行业公司普遍增加了环境信息披露，这种事后补救式的信息披露显然具有合法性管理的动机。Parker（1986）认为，良好的事前信息披露是公司对即将发生的合法性压力做出的提早反应。Deegan 等（2000）提出，合法性管理就是一种披露。

国内研究方面，冯杰（2011），沈洪涛、冯杰（2012）从媒体舆论监督和地方政府监管的视角研究了重污染行业上市公司环境信息披露的合法性管理动机，研究发现：媒体对企业环境表现报道的数量和倾向性与企业环境信息披露水平显著正相关，受到媒体负面报道较多从而产生的舆论监督压力较大的公司披露了更多的环境信息，说明企业环境信息披露存在合法性管理动机。沈洪涛、苏亮德（2012）研究发现：在我国当前环境信息披露制度产生合法性压力同时又缺乏具体可操作性披露规范的前提下，企业环境信息披露存在模仿行为，模仿对象是市场平均披露水平而不是市场领先者，从而佐证了企业环境信息披露的合法性管理动机。

2. 经济性动机

颉茂华、王晶、刘艳霞（2012）比较了我国企业环境管理信息披露规范与 GRI《可持续发展报告指南》，研究认为：我国环境信息披露规范大多是部门规章制度，偏重于强制性信息披露，强调企业环境信息披露的“合法性”动机[①]；而《可持续发展报告指南》强调企业或组织机构自愿发布可持续发展报告，突出环境信息披露的“经济性”与“社会性”动机。这里的“经济性”动机是基于自愿披露环境管理信息的企业可以在融资、税收减免、投资、资本成本等方面获得经济利益而提出的。

---

① 此处合法性是指合乎法律法规的规定。

沈洪涛、游家兴、刘江宏（2010），沈洪涛（2011）基于我国再融资环保核查政策的制度背景，研究发现：环境信息披露能显著降低权益资本成本，并且这种关系在有融资需求的公司中非常明显，而在无融资需求的公司中不显著，说明企业环境信息披露具有融资、降低权益资本成本等经济性动机。

3. 社会性动机

颉茂华、王晶、刘艳霞（2012）认为，随着利益相关者环保意识的增强，他们对企业环境信息披露的需求也日益增长，企业必然增加环境信息披露作为对利益相关者环境信息需求的回应，这就构成了企业环境信息披露的社会性动机。沈洪涛（2011）基于政治社会学的合法性理论，研究了媒体舆论监督压力下企业环境信息披露的合法性管理动机，因为媒体舆论监督体现的是社会监督，因此合法性管理动机也被称为社会性动机。

4. 政治性动机

现有研究并没有明确提出企业环境信息披露具有政治性动机，而是主要研究了政治关联、政治成本与企业环境信息披露的关系。Deegan（1996），Deegan、Rankin（1996）研究发现澳大利亚公司披露环保信息与政治成本相关，同时还有改善公司形象的动机，公司在被美国环境保护署（EPA）起诉后会披露更充分的环保信息。姚圣（2011）研究了公司政治关联、环境业绩、环境信息披露三者之间的关系，通过样本选择区分了环境业绩良好、一般、低下的公司，以有政治背景董事比例作为公司政治关联的替代变量，研究发现：政治关联与环境业绩显著正相关，政治关联与环境信息披露显著负相关。作者对研究结论的解释是：由于现阶段地方政府通常给予企业优惠政策、政府补助等扶持，环境业绩好的公司可以通过高政治关联争取更多利益，而政治关联通常被认为是公司应对外部公共压力的替代形式，高政治关联公司为避免引起公众关注，往往仅披露较少的环境信息。陈华、王海燕、梁慧萍（2012）以董事会成员是否现在或曾在政府部门任职、担任各级人大代表或政协委员作为政治关联的代理变量，研究发现：重污染行业上市公司环境信息披露质量与政治关联显著负相关，有政治关联的公司环境信息披露质量水平较低。

由此可见，现有文献对企业环境信息披露动机的研究还不够系统，提出的环境信息披露动机类型还存在概念上的不清晰与范围上的重合，例如现有关于环境事故发生及媒体监督下企业环境信息披露的合法性管理动机与社会性动机这两个概念的内涵上具有很大的相似性。因此，有必要厘清相关概念，对企业环境信息披露动机进行系统研究。王晓燕（2013）研究了合法性与民营企业主的社会责任，提出民营企业主履行社会责任的动力是获取合法性资源，具体包括经济合法性、社会合法性和政治合法性三个方面。受此研究的启发，笔者认为：利益相关者理论和合法性理论是企业社会责任及环境信息披露的核心理论基础，企业环境信息披露的动机可以界定为合法性动机，合法性是指利益相关者对企业行为的正当性和可被接受性的整体评价，根据利益相关者对企业环境信息披露的影响领域，合法性动机可以分为政治合法性动机、社会合法性动机和经济合法性动机三方面，具体概念界定见本书第四章第二节。

二　企业环境信息披露的经济后果

现有文献对企业环境信息披露经济后果的分析主要包括两个视角：一是环境信息披露的市场反应，二是环境信息披露与资本成本、预期现金流量及企业价值的相关性。由于我国企业环境信息披露才刚刚起步，环境信息披露经济后果产生的机制尚不完全具备，这类研究并不是目前研究的重点领域，并且多数研究结果显示企业环境信息披露并没有引起显著的市场反应和价值效应。

1. 企业环境信息披露的市场反应

Blacconiere 等（1994）研究了农药厂剧毒气体泄漏事故的市场反应，发现同行业公司股价在事故发生之后显著下降。Lorraine、Collison、Power（2004）发现媒体披露好消息的公司没有显著的超额收益，媒体披露坏消息的公司有显著的超额收益，但具有滞后效应。肖华、张国清（2008）研究了重大环境事故松花江事件的市场反应，发现吉林化工及同行业公司在事件发生 15 个事件日后出现显著为负的市场反应，股票累积超常收益率显著为负。张玮（2008）以国电电力公司为案例分析了市场对其环境信息披露的反应，结果发现：市场对强制披露的负面环境信息在披露日作出显著负面反应，但持续时间较短；市场对自愿披露的负面环境信息反应不显著；市场对正面环境事件信息的反应不显著。万寿义、刘正阳（2011）采用事项研究法分析了采掘业公司环境信息的市场反应，结果显示：社会责任报告中的环境信息在较短时间窗口期对资本市场产生了有限的影响，年报中的环境信息则基本没有产生市场反应。

2. 企业环境信息披露的价值相关性

沈洪涛、游家兴、刘江宏（2010）研究发现，企业环境信息披露能显著降低权益资本成本；张淑惠、史玄玄、文雷（2011）研究发现，企业环境信息披露质量与企业价值显著正相关，这主要来自预期现金流量的增加，而非资本成本的降低。赵恩波（2012）从融资角度研究了企业环境信息披露产生的经济后果，研究发现：企业环境信息披露水平越高，企业权益资本成本越低；环境信息披露水平与企业获得的新增银行借款特别是新增短期银行借款显著正相关。唐国平、李龙会（2011）研究发现：环境信息披露与公司价值微弱正相关，披露环境信息的公司具有相对较高的市场价值。

第四节 本章小结

通过上述文献的梳理与归纳，可以看出：

第一，环境信息披露内容及其衡量是企业环境信息披露研究的基础，在环境信息披露内容划分方面，不同学者的分类标准并不一致，有的参考全球报告倡议组织（GRI）《可持续发展报告指南》的项目分类，有的根据国家法规文件要求分类，还有的根据研究目的加入特定项目。在环境信息披露水平的衡量方面，学者们一般采用内容分析法或指数法计算环境信息披露得分或指数。本书在前人研究的基础上，参照环保部等机构发布的相关法规文件规定，运用内容分析法构建环境信息披露指数衡量公司环境信息披露水平，在内容评分项目的设置方面尽量考虑了现阶段我国公司环境信息披露的实际情况。

第二，近年来，随着企业环境信息披露实践的发展，企业环境信息披露实证研究成果逐渐增多，主要涉及企业环境信息披露的现状与影响因素研究、动机与经济后果研究等。其中，现状与影响因素研究是学者们最为关注并且研究成果最多的一个研究领域，现有研究发现：公司特征、公司治理、外部压力等因素影响公司环境信息披露水平。但是，现有研究大多针对某一个或某几个影响因素进行实证检验，缺乏对企业环境信息披露影响因素的整体上的系统研究，也没有统一的理论分析框架作为支撑；现有文献在企业环境信息披露动机与经济后果研究方面进行了有益探索，但总体看这类文献还比较零散、研究不够深入。现有文献提出的企业环境信息披露动机主要包括合法性管理动机、经济性动机、社会性动机和政治性动机，但是文献很少对这些动机类型进行专门界定，导致有些环境信息披露动机存在概念上的不清晰和范围上的重合，如有学者将合法性管理动机等同于社会性动机。因此，有必要厘清相关概念，对企业环境信息披露动机进行系统研究。基于可持续发展理论、利益相关者理论、合法性理论，本书构建了一个企业环境信息披露合法性动机的理论分析框架，并在该理论框架下对企业环境信息披露影响因素进行全面系统的研究。

第四章　企业环境信息披露的理论分析

本章首先介绍企业环境信息披露依据的可持续发展理论、利益相关者理论、合法性理论三种理论基础；其次分析本书构建的企业环境信息披露动机的理论分析框架，将企业环境信息披露动机界定为合法性动机，具体包括政治合法性动机、社会合法性动机、经济合法性动机三个方面；最后，基于内在动机作用于企业环境信息披露行为形成外在影响因素的原理，从合法性动机的三个方面提出企业环境信息披露影响因素的研究假设。

第一节　企业环境信息披露的理论基础

一　可持续发展理论

1. 环境问题与可持续发展概念的提出

18 世纪中叶始于欧洲的工业革命改变了人类社会的生存方式，经济的高速增长带来富裕的物质文明，也伴随着人类对自然资源的加速开发和破坏，最终导致环境污染、生态恶化、资源紧缺、人口爆炸等问题在 20 世纪中叶集中爆发。1962 年，美国女科学家卡逊在其著作《寂静的春天》一书中用大量科学事实警告人们“滥用农药将导致人类失去阳光明媚的春天”，从而首次引发人类对传统发展观的质疑。1972年，在瑞典召开114个国家代表参加的人类环境大会，通过了著名的《人类环境宣言》，标志着人类开始正视发展中的环境问题。同年，国际性民间学术团体——罗马俱乐部——发表第一个研究报告《增长的极限》，该报告预言由于石油等自然资源的供给是有限的因而经济增长不可能无限持续，世界性灾难即将来临，由此在全世界挑起了一场持续至今的大辩论[①]。

1987年，世界环境与发展委员会在其报告《我们共同的未来》中正式使用了可持续发展概念，并将其定义为：能满足当代人的需要，又不对后代人满足其需要的能力构成危害的发展。概括而言，可持续发展要求整合社会、环境和经济因素，从长远取得平衡。这一定义得到国际社会的广泛共识，成为运用最广泛的可持续发展定义。1992年，在巴西里约热内卢召开的世界环境与发展大会通过了《里约宣言》及第一份可持续发展全球行动计划《21世纪议程》。2002年，在南非约翰内斯堡召开的第一届可持续发展世界首脑会议进一步讨论了可持续发展的三大支柱概念：社会、环境和利润。其中，社会支柱主要指尊重并保护人类、与利益相关者合作；环境支柱主要指保护环境、有效管理和利用资源；利润支柱是指产生利润及使团体受益（杨海燕，2012）。

2. 可持续发展与企业社会责任

现代企业社会责任的概念由鲍恩（Bowen）于1953年在《商人的社会责任》一书中首次明确提出，但当时社会责任概念的内容、范围和性质并不清晰，引发了广泛关注和争论。直到20世纪后半

① http://baike.baidu.com/view/163053.htm.

期，企业社会责任思想在不断的演变和争论中逐渐清晰，学者们开始努力建立一个较为明确的企业社会责任概念框架（沈洪涛、沈艺峰，2007）。Carroll（1979）提出著名的“企业社会表现的三维概念模型”，认为企业社会表现由企业社会责任、社会问题管理和企业社会回应三个维度构成。其中，企业社会责任包括经济责任、法律责任、伦理责任和自愿责任四个部分；社会问题管理是指企业必须确定与上述责任相联系的社会问题或主题领域；企业社会回应是指企业在回应社会责任和社会问题背后的理念、方法或战略。Wartick、Cochran（1985）给出了企业社会表现的经典定义：企业社会表现反映了企业社会责任准则、社会回应过程和用于解决社会问题的政策之间的相互根本作用。

20 世纪 80 年代，随着可持续发展概念的提出和使用，企业社会责任领域的研究开始关注可持续发展概念。首次将可持续发展概念细化到企业层面的是英国学者约翰·埃尔金顿（John Elkington），他认为企业不应仅关注利润最大化，还应关注环境和社会问题（杨海燕，2012）。Elkington（1998）最早提出了三重底线（the triple bottom line）的概念，认为企业必须在三个领域履行最基本的责任：经济责任、环境责任和社会责任。其中，经济责任是传统的企业责任，体现为提高利润、纳税及为投资者分红等责任；环境责任是环境保护、合理利用资源的责任；社会责任是对社会其他利益相关方的责任。企业社会责任三重底线如图 4－1 所示。

二　利益相关者理论

1. 利益相关者的概念框架

1963 年，美国斯坦福大学研究所首次提出“利益相关者”（stakeholder）的概念，并将其界定为：那些如果没有他们的支持，企业组织将不复存在的群体。早期的利益相关者概念缺乏理论上的一致性和严密性，可分为广义概念和狭义概念两大类。广义概念的杰出代表是弗里曼（Freeman）1984 年出版的《战略管理：一个利益相关者方法》一书中的定义：一个组织的利益相关者是可以影响到组织目标的实现或受其实现影响的群体或个人。更确切地说，利益相关者是那些在公司中存有利益或具有索取权的群体，具体包括股东、债权人、客户、供应商、员工、政府、当地社区、媒体、环保团体等非政府组织等。广义概念具有含义宽泛、包容性强的优点，但缺点是难以精确定量化。

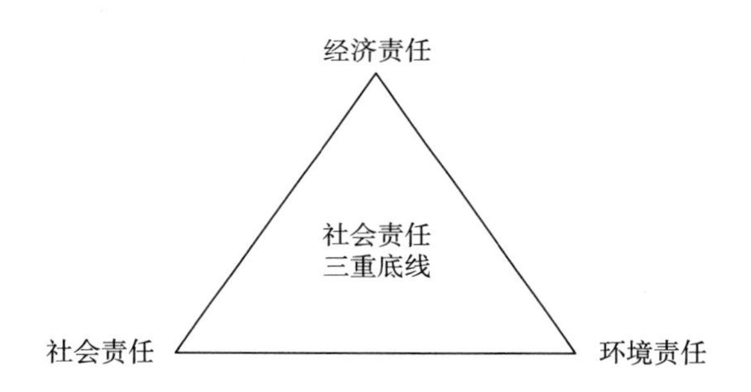

图 4－1　企业社会责任的三重底线示意

狭义利益相关者概念的典型代表是卡罗尔（Carroll，1993）和米切尔等（Mitchell et al.，1997）提出的概念。Carroll（1993）认为，利益相关者是指“那些企业与之互动并在企业里具有利益或权利的个人或群体”，根据利益相关的程度可区分为具有所有权、具有权利、具有利益三种情况。Mitchell、Agle、Wood（1997）认为，利益相关者应具有三个核心特征：权力、合法性、紧迫性。

通过比较利益相关者的广义概念和狭义概念，笔者发现：广义概念建立在描述基础上，强调的是现实中能够影响企业或受企业影响的所有个人或群体，不论他们是否具有合法的权利，包括现有的和潜在的利益相关者；狭义概念则主要建立在规范性原则的基础上，强调的是少数在企业具有合法权利或利益的个人或群体，仅包含现有的利益相关者而不包含潜在的利益相关者（沈洪涛、沈艺峰，2007）。企业与利益相关者的相互关系如图 4－2 所示。

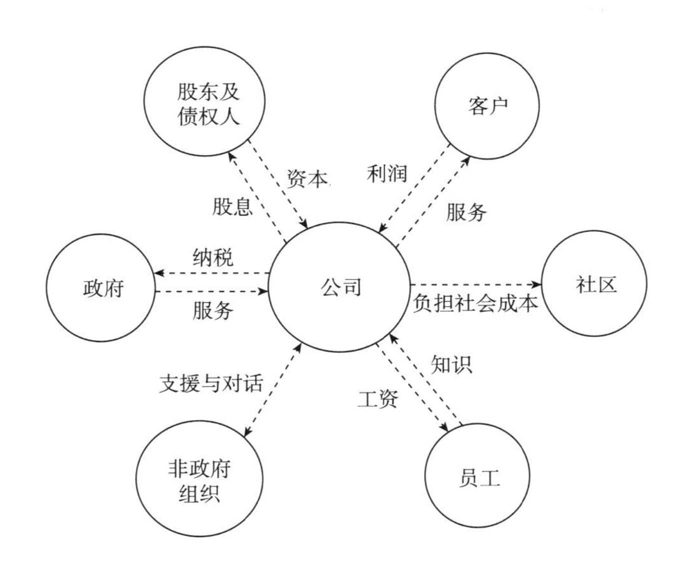

图 4－2　企业与利益相关者关系示意

2. 利益相关者的理论框架

20 世纪 90 年代，在众多学者的推动下，利益相关者完成了从概念框架到理论框架的转变。Donaldson、Preston（1995）把利益相关者理论归纳为三大类：描述主义/经验主义（descriptive/empirical）理论、工具主义（instrumental）理论、规范主义（normative）理论。描述主义理论是指用于描述或有时用来解释特定的企业特征和行为的理论；工具主义理论是指用于确认利益相关者管理与企业传统目标（如盈利能力和增长率）之间是否存在联系的理论；规范主义理论是指用于说明企业职能包括确定企业经营与管理的道德或哲学指南的理论。Donaldson、Preston（1995）用三个同心圆来表示上述三大理论之间的关系如图4－3所示：描述主义理论是外壳，用于描述外部世界情况及与利益相关者理论的关系；工具主义理论是中间层，用于支持描述主义理论；规范主义理论是核心，是所有利益相关者理论的根基（沈洪涛、沈艺峰，2007）。在此基础上，Jones、Wicks（1999）将描述主义理论和工具主义理论归纳为"以社会科学为基础的理论"，把规范主义理论归纳为"以伦理为基础的理论"，并提出一体化（convergent）的利益相关者理论，这种理论既是伦理上合理的，又是实践上可行的。

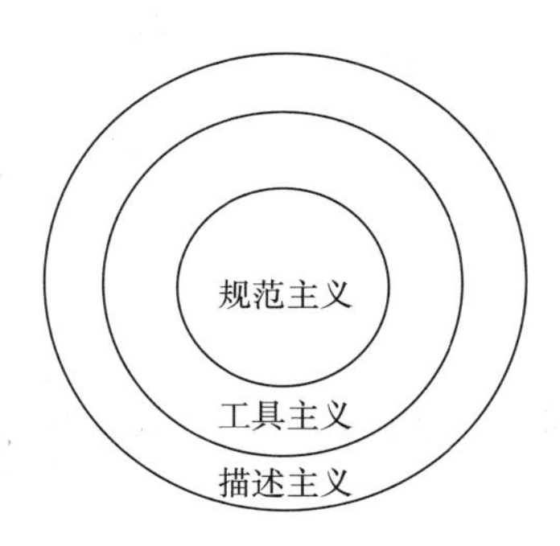

图4－3　利益相关者三大理论的关系示意

资料来源：沈洪涛、沈艺峰：《公司社会责任思想起源与演变》，上海人民出版社2007年版，第163页。

利益相关者理论在加强自身内部理论建设的同时，对外展开了与股东价值最大化理论的激烈论战，论战的核心是理论基础问题。

利益相关者理论具有两大理论基础，一个是契约理论，一个是产权理论（沈洪涛、沈艺峰，2007）。Freeman（1984）、Wood（1991）、Clarkson（1995）等是契约理论的倡导者，他们认为：公司是一组契约的联结点，公司与股东、管理者、员工、供应商、客户及社区等之间存在契约关系，每个利益相关者向公司提供了个人的资源并希望自己的利益能在公司得到满足，公平契约信条要求公司应照顾各利益相关者的利益而不只是股东的利益。Donaldson、Preston（1995），Shankman（1999）等是产权理论的倡导者，他们认为：股东价值最大化仅强调股东对公司的产权，这是对产权的狭隘定义，必须从多元“分配公正”理论角度重新定义产权，财产权的概念包括对多重利益相关者而不只是对公司股东的责任（李诗田，2010）。

3. 利益相关者理论与企业环境信息披露

20世纪90年代以来，利益相关者理论与企业社会责任理论出现了全面结合的趋势，利益相关者理论为企业社会责任评估提供了“最为密切相关”的理论框架（Wood et al.，1995）。它使企业可以将具有普遍性的企业社会责任根据特定问题分解为针对特定利益相关者的特定责任。利益相关者模型代表了一种描述、评价和管理企业社会表现的新框架（Clarkson，1991）。

由于企业环境信息披露是社会责任信息披露的一部分，因此同样可以在利益相关者理论分析框架下进行研究。传统会计强调的是提供会计信息满足股东的决策需求，履行对股东的受托责任；而利益相关者理论则认为，会计需要反映各类利益相关者所关注的企业不同方面表现的信息，履行多重受托责任。从环境会计角度分析，利益相关者关注企业生产经营活动对环境产生的影响，环境信息披露能够建立企业与利益相关者之间的对话与沟通渠道，是提高企业透明度和履行受托责任的手段（沈洪涛，2011）。传统会计强调信息对股东利益的保护，而社会责任与环境会计就是要扩展信息的监督作用以保护更多利益相关者的利益（Brown、Fraser，2006）。

三　合法性理论

1. 合法性的概念

合法性（legitimacy）是西方政治学和社会学的核心概念，使用中有广义和狭义之分。狭义的合法性主要用于理解国家的统治类型或政治秩序。韦伯是最早对合法性概念进行系统研究的社会学家，他认为：在政治统治中除了强迫机制还存在合法性机制，合法性是促使一些人服从某种命令的动机，是组织权力和结构存在的基础和前提（王晓燕，2013）。李普塞特认为，合法性是政治系统使人们产生和坚持现存政治制度是社会最适宜制度这种信仰的能力。[①]

广义的合法性涉及广泛的社会领域，通常用于讨论社会的秩序、规范或规范系统。Rhoads（1991）认为，合法性是指符合某些经验上有效力的规则，包括法律和惯例，其中，法律是由专门人员和机构保证人们遵从的规则，惯例是社会自然遵守的规则。因此，合法性中的“法”既可以指法律这种特殊的规则，又包括规章、标准、原则、典范、价值观、逻辑、道德、宗教、习惯等社会规则。

2. 组织合法性的概念

Parson（1960）首次将合法性概念引用到组织研究中，将组织合法性界定为组织的价值体系与其所处社会制度的一致性。Scott（1995）认为，组织的生存不仅取决于市场环境，还受制于由规制、

---

① 李普塞特：《政治人——政治的社会基础》，张绍宗译，上海人民出版社 2011 年版。

规范和文化认知共同构成的制度环境，进而将组织合法性根据来源划分为规制合法性、规范合法性和文化认知合法性。Suchman（1995）认为，组织合法性是指在一个由规范、信仰及价值观组成的社会系统中，组织的行为被认为是可取（acceptable）、适当（appropriate）、正确（desirable）的一般认知或假设，也就是说，合法性是社会对组织行为的正当性和可被接受性的整体评价。

组织合法性理论可分为两个流派：策略合法性流派和制度合法性流派。策略合法性流派是从企业看外部环境，认为合法性是一种能够帮助企业获得其他资源的重要资源，企业有能力通过策略选择改变合法性，开发可利用的资源，信息披露就是可选择的合法性策略方法之一；制度合法性流派是从外部环境看企业，认为合法性是外部制度环境对企业施加约束和影响的一种结构化的机制或观念力量（杨海燕，2012）。

3. 合法性与企业环境信息披露

与合法性概念密切相关的另一个概念是合法化。Lindblom（1994）认为合法性（legitimacy）是一种状态，而合法化（legitimation）则是实现这一状态的过程，也称作合法性管理。企业进行合法性管理可以采取四种战略：一是设法教育和告知相关公众有关企业表现和行为的改变；二是设法改变相关公众的认识，而不是改变企业的实际行为；三是故意将公众视线从其关注的问题引向其他相关方面；四是试图改变外部公众对其表现的期望。由此可见，四种合法性管理战略的实现都需要借助信息披露与公众进行沟通，信息披露是企业合法性管理的重要手段（沈洪涛，2011）。

合法性理论为研究企业环境信息披露提供了理论分析基础。如前所述，合法性可分为策略合法性和制度合法性。策略合法性强调的是企业对于合法性的可控性，即企业具有合法性管理的能力；制度合法性强调的是外部制度环境对企业构成的合法性影响或压力。前者是一种主动、积极的合法性概念，后者是一种被动、消极的合法性概念。

环境信息披露既是合法性压力下的产物，也是企业合法性管理的手段。不管是合法性危机发生后的事后披露，还是企业为树立良好形象的事前披露，环境信息披露都具有合法性动机。一方面，Patten（1992），Deegan 等（2000），肖华、张国清（2008）等发现环境事故发生后，肇事公司及同行业公司普遍增加了相关环境信息的披露。这种事后补救式的信息披露目的在于加强与利益相关者的信息沟通，争取获得利益相关者的理解，明显具有合法性管理的动机。另一方面，Parker（1986）认为良好的事前信息披露是企业对即将发生的合法性压力做出的提早反应，可以为企业树立良好的社会形象，增强企业的合法性地位。因此，Newson、Deegan（2002）甚至指出，影响合法性的是组织的信息披露而不是（未披露的）组织行为的改变。Deegan 等（2000）提出，合法性管理就是一种披露。

第二节　企业环境信息披露动机的理论分析

从心理学角度看，需要产生动机、动机引发行为。具体到企业环境信息披露行为，决定企业披露环境信息的内在动机有哪些？企业环境信息披露差异的影响因素有哪些？这些问题的回答需要进行企业环境信息披露动机与影响因素的研究，只有从根本上探寻影响企业环境信息披露的内在动因，才能为引导企业提高环境信息披露水平提出针对性的政策建议。企业环境信息披露行为的动机是丰富而复杂的，不同类型企业的环境信息披露动机也是存在差异的。现有研究认为，企业环境信息披露的动机主要包括合法性管理动机、经济性动机、社会性动机和政治性动机等，但这些动机类型存在概念上的不清晰及范围上的重合，如有学者将合法性管理动机等同于社会性动机，因此，有必要对企业环境信息披露动机进行专门的系统研究。

一　合法性动机的类型

现有文献研究的企业环境信息披露动机主要涉及合法性管理动机、经济性动机、社会性动机和政治性动机，但这些研究比较零散，并没有对企业环境信息披露动机的不同类型进行专门界定，有些环境信息披露动机存在概念上的不清晰与范围上的重合，如沈洪涛（2011）将合法性管理动机等同于社会性动机。因此，有必要对企业环境信息披露动机进行系统地研究，厘清相关概念，纳入一个完整的分析框架。王晓燕（2013）在《合法性与民营企业主的社会责任》一书提出，“民营企业主履行社会责任的动力是获取合法性资源，具体包括经济合法性、社会合法性和政治合法性三个方面”。

可持续发展理论、利益相关者理论与合法性理论是企业社会责任与环境信息披露的理论基础，综合起来，本书将企业环境信息披露的动机界定为合法性动机。合法性是指利益相关者对企业行为的正当性和可被接受性的整体评价，是企业生存和可持续发展的重要资源。企业环境信息披露是其与利益相关者沟通并进行合法性管理的手段，即：企业环境信息披露行为具有追求合法性的动机。根据不同利益相关者对企业环境信息披露的影响范畴，可以将合法性动机划分为政治合法性动机、社会合法性动机、经济合法性动机三个方面。具体分析如下：

1. 政治合法性动机

与政治合法性动机对应的利益相关者主要是政府，政府法律法规的出台及对法律法规执行的监管力度会直接影响企业环境信息披露行为。在环境信息披露领域，企业为追求政治合法性，会遵守相关法律法规中有关环境信息披露的要求，及时、准确、完整地披露环境信息。当然，企业也会综合考虑环境信息披露的成本与收益、政府执法力度、违反规定不披露环境信息可能受到的惩罚等，从而最终决定环境信息披露的程度。

2. 社会合法性动机

与社会合法性动机对应的利益相关者包括消费者、社区、媒体、社会公众、非政府组织等。这些利益相关者关心企业的环境表现及环境责任的履行情况，可以通过消费行为或社会舆论对企业环境信息披露行为产生一定的监督压力。企业为了获得这些利益相关者的认可，会通过环境信息披露与其进行沟通和交流，具有社会合法性动机。

3. 经济合法性动机

与经济合法性动机对应的利益相关者包括股东、债权人等向企业提供经济资源的利益相关者。经济合法性也可理解为经营合法性，是企业生存和发展的最基本要求。企业为了生存需要获取经营所需的必要资金，为了发展需要保持良好的公司治理结构，这些因素对企业环境信息披露的影响构成了经济合法性动机。

二　合法性动机相关的概念

与合法性动机相关的概念包括：合法性、合法性动机、合法性目标、合法性压力、合法性手段等。其中，合法性是本书使用的核心概念，是利益相关者对企业行为的正当性和可被接受性的整体评价，是企业生存和发展的重要资源。根据利益相关者对公司环境信息披露的影响领域，合法性可以分为政治合法性、社会合法性和经济合法性三个方面。

合法性动机是指企业环境信息披露行为的产生动机是追求合法性。根据合法性的三个领域，企业环境信息披露的合法性动机也可以相应地划分为三种：政治合法性动机、社会合法性动机和经济合法性动机。

合法性目标是指企业环境信息披露追求合法性的最终目的是实现企业的可持续发展。可持续发展要求公司履行经济责任、社会责任和环境责任，实现公司与环境、社会的和谐发展，即企业与各利益相关者的可持续发展，这是企业环境信息披露追求的合法性目标。

合法性压力是指利益相关者基于对企业环境信息的需求而产生的要求企业披露环境信息的压力。随着利益相关者可持续发展观念和环保意识的增强，他们除了关注企业的经济责任和社会责任，也开始关注企业环境责任的履行情况，从而产生对企业环境信息的需求，这就给企业带来环境信息披露的压力。

合法性手段是指企业与利益相关者进行沟通和交流的方式，企业可以通过环境信息披露作为应对利益相关者合法性压力、实施合法性管理的一种手段。

三　合法性动机的理论分析框架

在借鉴王晓燕（2013）的研究思路并融合可持续发展理论、利益相关者理论、合法性理论三种理论的基础上，本书构建了一个企业环境信息披露动机的理论分析框架，将企业环境信息披露的动机界定为合法性动机，具体包括政治合法性动机、社会合法性动机、经济合法性动机三个方面。具体如图 4 –4 所示。

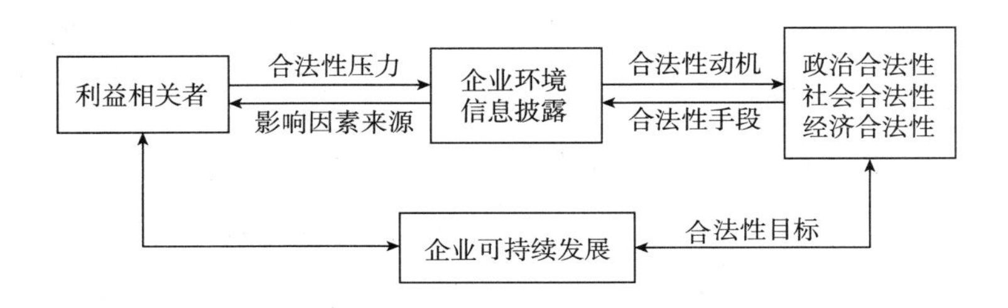

图 4 –4　企业环境信息披露动机理论分析框架

资料来源：作者整理。

在图 4 –4 中，企业环境信息披露动机的理论分析框架是一个双向的封闭循环。具体来说，首先，从顺时针方向分析，这一理论框架包括以下几个环节：第一，企业的可持续发展目标要求企业在履行经济责任和社会责任的同时也要履行环境责任；第二，企业内外部利益相关者构成了企业的生存环境，利益相关者对企业环境责任履行情况的关注产生了对企业环境信息的披露需求，构成了企业环境信息披露的合法性压力；第三，企业在利益相关者合法性压力下，为了生存和发展产生追求合法性的动机，合法性可以理解为利益相关者对企业行为的正当性和可被接受性的整体评价，是企业生存和发展的重要资源。根据利益相关者对企业环境信息披露的影响领域，合法性可以分为政治合法性、社会合法性和经济合法性三方面；第四，企业追求合法性的最终目标是实现企业的可持续发展。

其次，从逆时针方向进行分析，企业环境信息披露动机的理论框架包括以下环节：第一，为了实现可持续发展目标，企业产生从政治、社会、经济三方面追求合法性的内在动机，即政治合法性动机、社会合法性动机和经济合法性动机；第二，环境信息披露可以实现与外界的沟通，作为企业合法性管理的一种手段；第三，企业环境信息披露的外在影响因素来自企业内外部利益相关者，是由环境信息披露的内在动机决定的，可以从合法性动机的三方面进行分析；第四，企业与内外部利益相关者的关系决定了企业能否最终实现可持续发展以及获取合法性。

总体来看，为了实现可持续发展的最终目标，在利益相关者合法性压力下，企业通过环境信息披露的手段实现与利益相关者的交流与沟通，进而获得利益相关者的认可，即合法性。根据利益相关者对企业的影响领域，企业环境信息披露的合法性动机可以划分为政治合法性动机、社会合法性动机和经济合法性动机三方面。

第三节　企业环境信息披露影响因素的理论分析

本书将企业环境信息披露的动机界定为合法性动机，合法性是利益相关者对企业行为的正当性和可被接受性的整体评价，根据利益相关者对企业环境信息披露的影响领域，合法性动机具体包括政治合法性动机、社会合法性动机、经济合法性动机三个方面。由于动机是内在的、主观的、不易直接检验的，而影响因素是内在动机作用于企业环境信息披露行为之后形成的客观存在，影响因素是外在的、客观的、可直接检验的。因此，本书通过从企业环境信息披露合法性动机的三个方面出发选取指标，提出企业环境信息披露影响因素的研究假设并进行实证检验，以期间接证明企业环境信息披露三种合法性动机的存在。

一 政治合法性动机方面的影响因素

1. 地方政府环境监管压力

政府监管对企业环境信息披露的影响，除了受到政府环保相关法律法规等监管政策本身的影响之外，还受到政府环境监管能力及环境管理效率的影响。我国近年来出台了一系列环保相关的法律法规，推动政府和企业的环境信息公开。2008 年国务院颁布的《政府信息公开条例》和环保部颁布的《环境信息公开办法（试行）》同时实施，这些法律法规要求重污染企业披露环境信息，也明确规定了地方政府对企业环境信息披露的监管责任。由于法治环境、经济发展水平、环境保护意识的差距，不同地方政府对企业环境信息披露的监管力度也存在差异。地方政府越重视环境信息公开，其对企业的环境监管压力就越大，企业环境信息披露水平越高。沈洪涛、冯杰（2012）研究发现，政府监管显著推动了企业的环境信息披露水平，并且强化了媒体报道对公司环境信息披露的舆论监督作用。因此，提出如下研究假设：

假设 1 - 1：地方政府环境监管压力与企业环境信息披露水平正相关。

2. 公司所有权性质压力

国有股比例较高是我国上市公司的一个重要特征。虽然我国实施了股权分置改革，但是国有控股公司与政府之间存在千丝万缕的联系。从环境信息披露角度看，一方面，国有控股公司里的国有股东更关注公司的中长期经营发展，在利润目标之外还要承担更多的社会与环境责任，因此预期其环境信息披露水平也会更高。卢馨、李建明（2010），吴德军（2011），杨熠、李余晓璐、沈洪涛

(2011)，黄珺、周春娜（2012)，毕茜、彭珏、左永彦（2012）等发现国有控股的上市公司环境信息披露水平高于非国有控股公司。另一方面，国有控股公司也有可能通过与政府之间的政治关系规避环境信息披露的责任，导致环境信息披露水平较低。因此，提出如下研究假设：

假设1－2：国有控股公司性质与企业环境信息披露水平正相关或负相关。

3. 公司高管政治关联

政治关联通常被看作是法律保护、外部监督等机制的替代形式。在法律保护水平较低的国家或地区，公司可以通过建立政治关联应对政府干预，抵消税负、行政罚款等外部制度环境中的不利因素对公司的负面影响。在环境监管方面，公司可能通过高管的政治关联，降低政府对公司的环境监管力度，争取政府在环境管理上的优惠政策。姚圣（2011）研究发现：政治关联与环境业绩显著正相关，政治关联与环境信息披露显著负相关，说明高政治关联公司环境信息披露水平更低，而环境业绩好的公司政治关联程度高可能是为争取政府环保补助等政策扶持。陈华、王海燕、梁慧萍（2012）研究发现重污染行业上市公司环境信息披露质量与政治关联显著负相关，有政治关联的公司环境信息披露水平较低。因此，提出如下研究假设：

假设1－3：公司高管政治关联与企业环境信息披露水平负相关。

二 社会合法性动机方面的影响因素

1. 社会中介机构监督压力

社会中介机构是指依法设立的运用专门知识和技能，按照一定业务规则或程序为委托人提供中介服务并收取相应费用的组织，包括各类评估认证机构、咨询服务机构、独立审计机构等。社会中介机构一般不受政府干预，具有较强的独立性，能够代表市场主体和社会公众的利益，因而能够发挥社会监督的作用，甚至能够影响政府的决策（王玉梅，2011）。对企业环境信息披露产生影响的社会中介力量主要包括 ISO 14001 环境管理体系标准认证和会计师事务所审计。其中，ISO 14001 环境管理体系标准是 ISO 14000 系列标准中的主干标准，由环境方针、规划、实施与运行、检查和纠正、管理评审五部分十七个要素构成，是企业建立和实施环境管理体系并通过认证的依据（许家林，2009）。ISO 14001 环境管理体系认证申请与复核均对企业环境管理体系的建立及实施有详细的要求，因此，通过 ISO 环境管理体系认证的企业通常具有更高的环境意识和环境管理水平，预期其环境信息披露水平也更高。

会计师事务所作为社会中介机构，通过对公司会计信息的审计发挥着社会监督的重要作用，特别是大规模著名会计师事务所审计经验丰富，能够提供高质量的审计业务，从而更好地发挥对被审计公司会计信息及相关信息披露的社会监督作用。但是，目前我国并没有专门的环境会计及信息披露准则，企业披露的环境信息数量普遍较少，聘请知名会计师事务所的企业可能更加关注财务信息而忽略环境信息的披露，高质量的注册会计师审计并不能保证高质量的环境信息披露。王霞、徐晓东、王宸（2013）研究了是否聘请国际四大会计师事务所审计与公司环境信息披露的关系，发现两者相关系数为负但不显著，暗示我国当前社会审计中介机构可能并未发挥应有的社会监督作用。因此，提出如下研究假设：

假设 2－1－1：通过 ISO 14001 环境管理体系认证与公司环境信

息披露水平正相关。

假设 2 -1 -2：聘请国际四大会计师事务所审计与公司环境信息披露水平负相关。

2. 媒体公众舆论监督压力

根据合法性理论，合法性是社会对企业行为的正当性和可接受性的整体评价，媒体和公众是对企业合法性进行评价的重要社会力量。Brown、Deegan（1998）研究发现媒体关注度与行业中企业环境信息披露水平显著相关，且媒体的负面报道会促进企业披露更多的正面环境信息。Deegan 等（2000）发现媒体对企业环境表现的报道与企业环境信息披露正相关。Bewley、Li（2000）发现媒体关注度高的企业更可能披露笼统的环境信息。Brammer、Pavelin（2008）研究发现正常情况下媒体报道对企业环境信息披露影响不大，但当环境事故发生后，媒体报道引发了企业对事故相关信息的披露。沈洪涛、冯杰（2012）研究发现媒体舆论监督压力与环境信息披露显著相关，媒体报道越负面，企业环境信息披露水平越高。郑春美、向淳（2013）研究发现媒体关注度越高，企业环境信息披露水平越高。但是，张彦、关民（2009）研究发现公众环保意识与企业环境信息披露水平无显著相关性。因此，提出如下研究假设：

假设 2 -2：媒体公众舆论监督压力与公司环境信息披露水平正相关。

3. 消费者监督压力

21 世纪是绿色世纪，绿色是生命、节能、环保的代名词。随着绿色消费观念的兴起，越来越多的消费者开始认同绿色环保产品，这将影响消费者对商品的需求、购买和消费行为，进而影响企业的生产行为。具有绿色标识或绿色认证的商品和企业将更受消费者的青睐，消费者环保意识的提升将促进企业开发环保节能产品、改善企业环境管理，并通过提高企业环境信息披露水平加强与外界的沟通。因此，提出如下研究假设：

假设2－3：消费者监督压力与企业环境信息披露水平正相关。

4. 员工监督压力

员工是企业内部重要的利益相关者，员工处在企业生产经营的最前线，能够最为直接地感受到企业环境污染和环境保护措施的成效。员工环保意识的提高导致他们更加关注工作环境中的噪声、粉尘、辐射等环境污染对自己身体健康的影响，从而对企业清洁生产产生一定的监督压力。通常认为，高学历员工比低学历员工更可能具有较强的环保意识，对公司环境信息披露的需求也更强烈。因此，提出如下研究假设：

假设2－4：员工监督压力与企业环境信息披露水平正相关。

三　经济合法性动机方面的影响因素

1. 企业外部融资需求

前人研究表明，自愿性环境信息披露具有经济后果，可以增加预期现金流量（张淑惠、史玄玄、文雷，2011）、降低权益资本成本（沈洪涛，2011），从而导致企业价值的增加（唐国平、李龙会，2011）。这些研究从另一个角度说明企业自愿性披露环境信息可能具有经济性动机。沈洪涛、游家兴、刘江宏（2010）基于我国再融资环保核查的制度背景，研究发现：有融资需求公司的环境信息披露与权益资本成本显著负相关，而无融资需求公司这种关系不显著。赵恩波（2012）研究发现：环境信息披露水平与权益资本成本显著负相关；环境信息披露水平与新增银行借款特别是新增短期银行借款显著正相关。因此，提出如下研究假设：

假设3-1：企业外部融资需求与企业环境信息披露水平正相关。

2. 企业债权人压力

债权人是企业债务资金的所有者，主要关注投入企业债务资金的安全性及企业的偿债能力。在当前我国债券市场不太发达的情况下，银行是多数上市公司最大的债权人。近年来，中国人民银行联合环保部、银监会等机构推出绿色信贷政策，要求各商业银行对污染企业实行信贷限制、对环保项目和环保企业进行信贷支持，以金融杠杆促进节能减排和环境保护。因此，银行除了关注企业的偿债能力之外，还需关注企业的环境业绩和环保风险。银行正成为企业环境信息的重要需求者，来自银行的压力预期会对企业环境信息披露产生正向的影响。因此，提出如下研究假设：

假设3-2：企业债权人压力与企业环境信息披露水平正相关。

3. 公司治理结构

根据契约理论，公司是一系列显性和隐性契约的结合体，以利益相关者为代表的隐性契约往往需要通过信息披露来建立，以降低契约成本、实现价值最大化。根据代理理论，信息披露能够缓解公司内外部之间的信息不对称从而降低代理成本。根据合法性理论，环境信息披露有助于改善公司的合法性地位。良好的公司治理能够促进公司环境信息披露，从而有助于公司价值最大化目标的实现。Brammer、Pavelin（2006）研究发现，股权集中的公司环境信息披露水平更低，过多的非执行董事降低了公司环境信息披露水平。阳静、张彦（2008）发现独立董事比例与环境信息披露水平显著正相关。黄珺、周春娜（2012）发现高管持股比例与环境信息披露水平显著正相关，蒋麟凤（2010）发现高管持股与环境信息披露水平负相关，舒岳（2010）发现两者关系无显著相关关系。杨熠、李余晓璐、沈洪涛（2011），郭秀珍（2013）研究发现监事会规模与环境信息披露水平相关系数为正但没有通过显著性检验。因此，提出如下研究假设：

假设3－3－1：股权集中度与企业环境信息披露水平负相关。

假设3－3－2：独立董事比例与企业环境信息披露水平正相关。

假设3－3－3：监事会规模与企业环境信息披露水平正相关。

第四节　本章小结

企业环境信息披露的理论基础包括可持续发展理论、利益相关者理论与合法性理论。可持续发展理论界定了企业的环境责任，利益相关者理论搭建了企业环境信息披露的分析框架，合法性理论将环境信息披露作为企业合法性管理的手段，从而为企业环境信息披露行为找到了目标和动机。基于三种理论的融合，本书构建了一个企业环境信息披露动机的理论分析框架，将企业环境信息披露的动机界定为合法性动机，并根据利益相关者对公司环境信息披露的影响范畴，将合法性动机划分为政治合法性动机、社会合法性动机和经济合法性动机三种。最后，基于内在动机作用于企业环境信息披露行为而形成外在影响因素的原理，从合法性动机的三方面提出企业环境信息披露影响因素的研究假设，为第六章上市公司环境信息披露影响因素的实证分析提供理论基础。

第五章　上市公司环境信息披露指数及现状分析

本章首先选取上交所A股制造业上市公司2011年和2012年年报及独立报告为研究样本；其次构建环境信息披露指数，衡量样本公司披露的环境信息；再次从地区、行业、公司性质、公司规模、报告形式五个方面对样本公司环境信息披露指数进行描述性统计分析；最后总结上市公司环境信息披露的现状及问题，并从政府、社会、企业三方面对问题产生的可能原因进行剖析。

第一节　研究样本及数据来源

本书选取上交所A股制造业上市公司2011年和2012年的年报及独立报告中披露的环境信息数据作为研究对象。独立报告是指独立于年报而单独发布的社会责任报告、可持续发展报告或环境报告等。企业最初进行环境信息披露的渠道是年报，近年来企业发布社会责任报告等独立报告的数量和比例迅速提高（沈洪涛、程辉、袁子琪，2010），独立报告逐渐成为企业环境信息披露的重要渠道。因此，本书同时收集公司年报和独立报告中披露的环境信息可以更完整地研究企业环境信息披露情况。

前人文献对于企业环境信息披露的研究样本通常选择重污染行业。沈洪涛、冯杰（2010）根据证监会2001年《上市公司行业分类指引》及环保部相关文件，将重污染行业归纳为八类：采掘业、水电煤业、食品饮料业、纺织服装皮毛业、造纸印刷业、石化塑胶业、金属非金属业、生物医药业。我们选择制造业作为研究样本主要基于三点考虑，一是制造业下设的十个子行业中有六类属于重污染行业，二是制造业包含与民众生活密切相关且广受关注的食品饮料、纺织服装、医药等子行业，三是制造业上市公司数量较多，因此选择制造业样本能够较好地满足本书对于公司环境信息披露动机与影响因素进行研究的需要。

相比深交所2006年发布的《上市公司社会责任指引》，上交所2008年发布的《上市公司环境信息披露指引》在倡导上市公司积极承担社会责任的同时，专门就环境信息披露做出了明确要求。国内不少研究选择沪市上市公司作为研究样本，如李晚金、匡小兰、龚光明（2008），王建明（2008），黄珺、周春娜（2012），罗欢焕等（2013）等。此外，沈洪涛（2007）发现沪市上市公司年报中的社会责任信息（包含环境信息）披露水平总体上高于深市上市公司，因此，本书选取上交所上市公司作为研究样本。

我国环保部2010年发布《上市公司环境信息披露指南（征求意见稿）》，2011年发布《企业环境报告书编制导则》，本书选择2011年和2012年作为研究区间。

确定研究样本时，笔者做了如下处理：（1）删除2010年及2010年之后新上市及退市的公司；（2）删除2011年及2012年所有ST、*ST公司；（3）删除影响因素分析时公司注册地PITI指数、百度搜索指数、员工学历信息等研究变量缺失的公司，最终得到286家公司共572个样本公司年度观测值。公司年报和独立报告来自巨潮资讯网、新浪财经网、企业可持续发展报告资源中心网站及部分公司网站。本书构建的环境信息披露指数通过逐家阅读公司年报和独立报告中相关信息并运用内容分析法评分计算产生，使用EXCEL软件进行基本数据处理，使用SPSS17.0软件进行数据分析。本书最终确定的572个样本观测值在制造业子行业中的分布情况如表5－1所示。

表5－1　　样本观测值在制造业各子行业的分布

行业代码	行业名称	样本量
C0	食品、饮料业	40
C1	纺织、服装、皮毛业	42
C2	木材、家具业	4
C3	造纸、印刷业	16
C4	石油、化学、塑胶、塑料业	78
C5	电子业	46
C6	金属、非金属业	88
C7	机械、设备、仪表业	172
C8	医药、生物制品业	80
C9	其他制造业	6
合计		572

第二节　环境信息披露指数的建立

本书构建环境信息披露指数（Environmental Information Disclosure Index，EIDI），衡量企业环境信息披露水平。如本书第三章所述，国内外研究中对企业环境信息披露水平的衡量通常采用内容分析法计算环境信息披露指数，但是，不同学者对环境信息披露内容的划分标准及分类项目并不完全一致，这可能与不同学者研究视角和研究问题的侧重点不同有关。考查企业环境信息披露内容离不开对企业所处制度背景的分析，因此本书参考国家环保总局 2007 年《环境信息公开办法（试行）》、环保部 2010 年《上市公司环境信息披露指南（征求意见稿）》及 2011 年《环境报告书编制导则》等文件对企业强制性及自愿性环境信息披露内容的相关规定，并借鉴前人文献，将企业环境信息披露内容分为十三个项目，各项目具体内容及最高得分如表 5－2 所示。

表 5－2　　公司环境信息披露内容项目及评分标准

项目编号	项目内容	项目最高得分
A1	披露载体是否包括年报和独立报告	2
A2	企业环境保护理念、方针及年度环境保护目标	2
A3	企业环境信息公开情况及获得独立第三方验证情况	2
A4	企业环境管理机构设置及 ISO 环境管理体系认证情况	2
A5	企业重大环境事故或问题的发生情况	2
A6	企业清洁生产实施及“三同时”制度执行情况	2

续表

项目编号	项目内容	项目最高得分
A7	企业资源消耗总量及资源节约情况	3
A8	企业污染物排放及总量减排达标情况	3
A9	企业生产中废物的处理处置及废弃产品回收利用情况	3
A10	企业环保投资、环保产品技术开发及环保设施运行情况	3
A11	与环保相关的政府拨款、财政补贴与税收减免	3
A12	与环保相关的法律诉讼、赔偿、罚款与奖励	3
A13	其他与环保相关的事项	3
合计		33

上述企业环境信息披露内容项目中，A1 至 A6 为定性项目，最高可得 2 分，具体评分规则为：无描述得 0 分，简单描述得 1 分，详细描述得 2 分；其中，A1 披露载体若公司没有披露任何环境信息得 0 分，仅在年报中披露环境信息得 1 分，同时在年报和独立报告中披露得 2 分。A7 至 A13 为定量项目，最高可得 3 分，具体评分规则为：无描述得 0 分，定性描述得 1 分，简单定量描述得 2 分；详细定量描述或有与过去比较信息或以图表形式列示信息得 3 分。其中，A13 是指除上述项目以外公司披露的其他环境信息如排污费、环保费、环保借款、环保荣誉等，每披露一项得 1 分，最高得 3 分。企业环境信息披露得分 EID 就是按照上述项目对公司年报和独立报告中披露的环境信息进行评分后，十三个项目得分的加总，最高可得 33 分。

环境信息披露指数 EIDI，是用环境信息披露得分 EID 除以最高可能得分后得到的指数，取值范围在［0，1］之间。计算公式为：

$$EIDI_i = \left(\sum_{i=1}^{13} A_i\right)/33 \qquad (5-1)$$

第三节　环境信息披露指数的描述性统计分析

本节首先从年度、频率、具体内容项目三个角度对样本公司环境信息披露指数得分情况进行总体分析；其次从地区、行业、公司性质、公司规模、报告形式五个方面对样本公司进行分组，通过描述性统计、独立样本检验等方法对样本公司环境信息披露指数进行全面分析。

一　环境信息披露指数的总体分析

1. 环境信息披露指数的年度差异分析

由表5－3可知，从2011年和2012年两年总体情况看，样本公司环境信息披露指数EIDI的最大值为0.94，最小值为0，均值仅为0.296，均值不足最好水平满分1的30%，说明样本公司环境信息披露整体水平偏低。从分年度环境信息披露水平来看，2012年样本公司环境信息披露指数的均值为0.302，2011年的均值为0.289，2012年均值略高于2011年但两年均值仅相差0.013，说明样本公司2012年环境信息披露水平相比2011年有所提高但提高幅度不大。

表5－3　　分年度的环境信息披露指数描述性统计

年度	样本量	均值	标准差	最小值	最大值
2011	286	0.289	0.181	0.06	0.94
2012	286	0.302	0.190	0.00	0.82
总计	572	0.296	0.185	0.00	0.94

对样本公司环境信息披露指数按照年度的分组进行独立样本 t 检验，结果显示：t 值为 0.835，显著性 sig. 为 0.404，没有通过显著性检验，说明 2011 年和 2012 年样本公司环境信息披露指数均值没有显著差异。因此，下文对样本公司环境信息披露指数分别按照地区、行业、公司性质、公司规模、报告形式等进行描述性统计分析时不再区分年度，而是把所有样本观测值放在总样本中进行分析。

2. 环境信息披露指数的频率分析

从频率角度分析，我们将企业环境信息披露指数分为十组，对样本公司环境信息披露指数在这十组中出现的频率进行统计分析，结果如表 5－4 所示。

表 5－4　　环境信息披露指数的分段频率统计

指数分段	频率	百分比（%）	累积百分比（%）
0—0.10（含 0.10）	89	15.6	15.6
0.10—0.20（含 0.20）	118	20.6	36.2
0.20—0.30（含 0.30）	137	24.0	60.2
0.30—0.40（含 0.40）	64	11.2	71.4
0.40—0.50（含 0.50）	77	13.5	84.9
0.50—0.60（含 0.60）	45	7.8	92.7
0.60—0.70（含 0.70）	20	3.5	96.2
0.70—0.80（含 0.80）	19	3.3	99.5
0.80—0.90（含 0.90）	2	0.3	99.8
0.90—1.00（含 1.00）	1	0.2	100
合计	572	100	100

由表 5－4 可知，环境信息披露指数在 0.60（含 0.60）以下的

样本观测值占样本总量的比例达到了92.7%，仅有7.3%的样本公司环境信息披露指数达到0.60以上，说明样本公司环境信息披露整体水平较低，仅少数公司环境信息披露水平较高。样本公司环境信息披露指数得分出现频率最高的范围段是0.20—0.30（含0.30），这与前述环境信息披露指数均值为0.296的分析结论是一致的。

图5-1为样本公司环境信息披露指数EIDI出现频率的直方图及其与标准正态曲线的比较，可以发现，样本公司环境信息披露指数基本呈正态分布，但偏度略大于零，具有右偏态的特点，说明样本公司中多数公司环境信息披露水平偏低，仅少数公司披露情况较好。

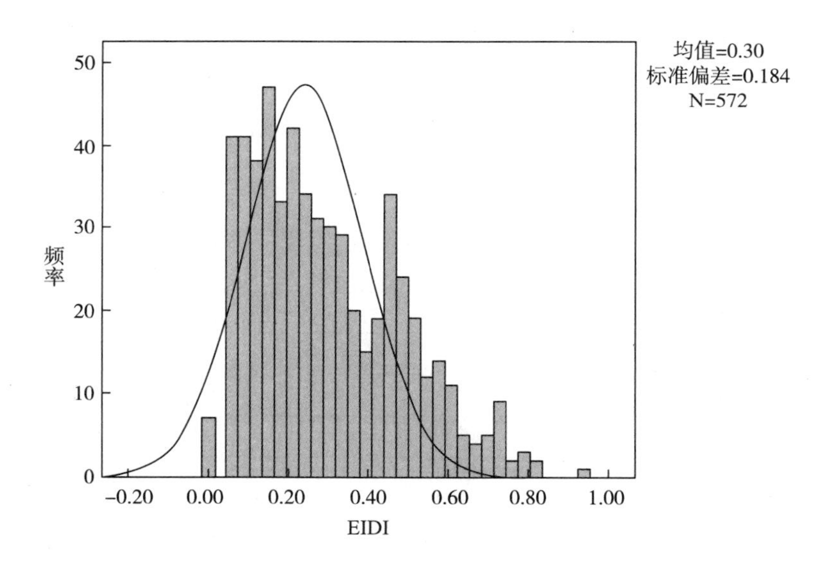

图5-1　环境信息披露指数频率直方图

图5-2为环境信息披露指数的正态P-P图，可以发现，观测点基本围绕直线上下分布，说明环境信息披露指数基本符合正态

分布。

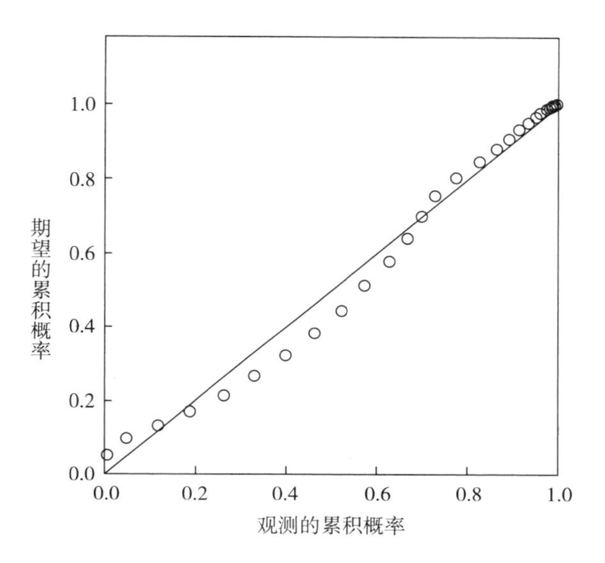

图 5－2　环境信息披露指数的正态 P－P 图

3. 环境信息披露指数的具体内容项目分析

如前文所述，本书在构建环境信息披露指数时，设置了十三个环境信息披露内容项目。为了考查各具体披露内容项目的得分情况，我们对样本公司在各具体披露内容项目上的得分进行了标准化处理（实际得分除以最高可能得分），环境信息披露具体内容项目指数的描述性统计如表 5－5 所示。

表 5－5　　环境信息披露具体内容项目指数描述性统计

内容项目	样本量	最小值	最大值	均值	标准差
A1	572	0	1	0. 706	0. 259
A2	572	0	1	0. 405	0. 377

续表

内容项目	样本量	最小值	最大值	均值	标准差
A3	572	0	1	0.171	0.273
A4	572	0	1	0.271	0.377
A5	572	0	1	0.351	0.269
A6	572	0	1	0.257	0.342
A7	572	0	1	0.273	0.364
A8	572	0	1	0.285	0.318
A9	572	0	1	0.221	0.302
A10	572	0	1	0.399	0.378
A11	572	0	1	0.448	0.457
A12	572	0	1	0.039	0.161
A13	572	0	1	0.166	0.272
EIDI	572	0	0.94	0.296	0.185

由表5-5可知，在十三个环境信息披露具体内容项目中，项目指数均值大于披露总指数EIDI均值的披露项目有五个：得分最高的项目是A1，其次是A11，接着是A2、A10、A5；项目指数均值小于披露总指数均值的披露项目有八个：A8、A7、A4、A6、A9、A3、A13，得分最低的项目是A12。

分析发现，样本公司得分较高的环境信息具体内容项目中披露的大多属于正面积极的信息或定性笼统的信息，如：A11属于正面信息且在年报附注中设有固定项目要求披露、A10属于正面积极信息；而A1、A2、A10属于定性信息，样本公司通常只是简单笼统地披露，特别是A5这一项目，多数公司仅在董事会报告中用一句话说明未发生重大环保事故。

相对而言，样本公司得分较少的环境信息具体内容项目通常涉及定量具体的信息或负面的信息，如：A7、A8、A9 等属于定量化的具体信息，企业只有环境管理达到一定水平并进行了相应指标的统计与核算才有可能提供这些数据；A4 也比较客观，只有设置了环保组织或通过了环境认证才有可能披露这些信息；A6 方面的信息样本公司披露得较少；A3，大多数样本公司因披露位置不集中、不明确且未经独立第三方评价而导致该项目得分较低；样本公司在 A13 中的披露内容主要包括排污费、绿化费、环保贷款、环保荣誉等信息；样本公司披露得分最低的项目是 A12，几乎没有公司披露环保诉讼和罚款情况，仅宝钢股份一家公司在其 2011 年可持续发展报告中披露了其下属公司因燃煤锅炉 SO_2 排放浓度超标受到环保局行政处罚的信息。

为进一步了解样本公司环境信息披露载体情况，我们对具体内容项目 A1 的得分情况进行了频率统计，如表 5－6 所示。根据评分标准，如果样本公司没有披露任何环境信息得 0 分，仅在年报中披露环境信息得 1 分，同时在年报和独立报告中披露环境信息得 2 分。

表 5－6　　　环境信息披露载体项目的频率分析

A1	频率	百分比（%）	累积百分比（%）
0 未披露信息	7	1.2	1.2
1 年报披露信息	322	56.3	57.5
2 年报和独立报告同时披露信息	243	42.5	100
合计	572	100	

由表 5－6 可知，没有披露任何环境信息的有 7 个公司年度观测值，占样本总数的 1.2%；仅在年报中披露环境信息的有 322 个观

测值，占样本总数的56.3%；同时在年报和独立报告中披露环境信息的有243个观测值，占样本总数的42.5%。这说明只有极少数公司没有披露任何环境信息，超过50%的公司仅在年报中披露环境信息，发布独立报告并同时在年报和独立报告中披露环境信息的公司数量超过40%，越来越多的公司开始选择在独立报告中披露环境信息。样本公司环境信息披露载体的情况如图5-3所示。

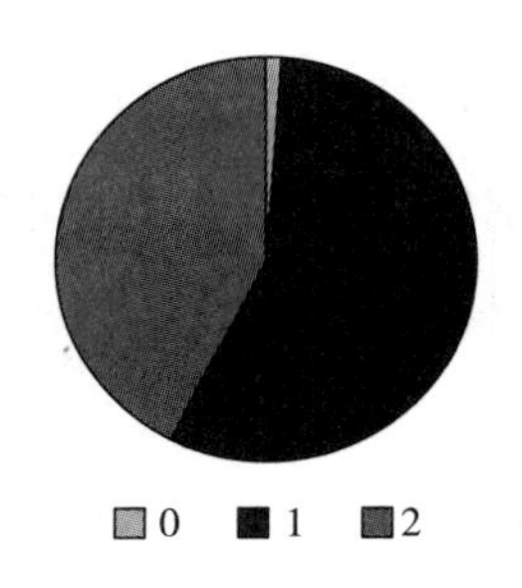

图5-3 环境信息披露载体分布

二 环境信息披露指数的地区差异分析

不同地区经济发展水平不同，政府的环保投入、环境监管力度及公众的环保意识也不同，企业履行环境责任及披露环境信息情况预计也会存在差异。本书将企业所在地区划分为传统意义上的东部、中部和西部。这种划分是政策上的划分，而不是行政区划或地理概念上的划分。东部是最早实行沿海开放政策并且经济发展水平较高的省市，中部是经济次发达地区，西部是经济欠发达地区。东部地区包括11个省市：北京、天津、河北、辽宁、上海、江苏、浙江、福建、山东、广东、海南；中部地区包括8个省市：黑龙江、吉林、山西、安徽、江西、河南、湖北、湖南；西部地区包括12个省市区：四川、重庆、贵州、云南、西藏、陕西、甘肃、青海、宁夏、新疆、广西、内蒙古[①]。

从样本公司的地区分布来看，有58%的公司位于东部地区，有22%的公司位于中部地区，有20%的公司位于西部地区，分布不太均匀。不同地区样本公司的环境信息披露指数的具体情况如表5-7所示。表5-7中的内容分为两部分，上半部分Panel A列示了不同地区环境信息披露指数EIDI的基本情况，下半部分Panel B列示了不同地区环境信息披露指数EIDI的均值和中位数差异的检验结果。

表5-7　　不同地区的公司环境信息披露指数描述性统计

Panel A	观测值	均值	标准差	中位数
东部	334	0.312	0.195	0.273
中部	124	0.309	0.179	0.303
西部	114	0.242	0.143	0.212

Panel B	t值	Z值
东部vs中部	0.146	-0.069
东部vs西部	3.513***	3.082***
中部vs西部	3.164***	2.742***

注：***表示在1%显著性水平显著。

从表5-7 Panel A可以看出，样本公司中注册地在东部地区的公司环境信息披露水平EIDI的均值略高于中部地区公司，而中部地

① 根据笔者在国家发改委网站的搜索显示，传统上将经济区域划分为东部、中部、西部三个部分，2004年之后根据国家区域经济发展战略将经济区域划分为东部、东北、中部、西部四个部分。但是，由于东北地区仅包含3个省，数量上远远少于其他地区，在国内生产总值上与其他地区不具有可比性，因此本书仍采用传统的东部、中部、西部的地区划分方法。

区公司 EIDI 的均值则显著高于西部地区公司。中位数也表现出了明显的地区差异，其中，中部公司 EIDI 的中位数最大，东部地区次之，西部公司最低。

在表 5 – 7 Panel B 中，本书对三个地区样本公司 EIDI 的均值和中位数分别两两进行了独立样本的 t 检验和 Wilcoxon 秩和检验。结果表明，东部地区公司 EIDI 的均值和中位数均在 1% 显著水平上显著高于西部地区公司，且中部地区公司 EIDI 的均值和中位数也在 1% 显著水平上显著高于西部地区公司。此外，东部地区公司 EIDI 的均值略高于中部地区公司，但差异不显著；东部地区公司 EIDI 的中位数略低于中部公司，但差异也不显著。

总体来看，样本公司 EIDI 呈现出明显的地区特征，东部地区公司环境信息披露水平 EIDI 最高，中部次之，西部最差。这种地区差异说明企业环境信息披露水平受所在地区外部政治、经济及社会环境的影响。

三　环境信息披露指数的行业差异分析

本书分别对三种行业分类标准下样本公司环境信息披露情况进行分析：

第一，根据证监会 2001 年发布的《上市公司行业分类指引》，制造业下包含十个子行业。制造业十个子行业分类下企业环境信息披露指数的具体情况如表 5 – 8 所示。平均而言，环境信息披露水平最好的子行业是金属、非金属业，其次是造纸、印刷业，再次是其他制造业及石油、化学、塑胶、塑料业。环境信息披露水平最差的是木材、家具业，其次是电子业，再次是机械、设备、仪表业及纺织、服装、毛皮业。

表 5 – 8　不同制造业子行业公司环境信息披露指数描述性统计

行业名称	观测值	最小值	最大值	均值	标准差	中位数
C0 食品、饮料业	40	0.09	0.73	0.295	0.188	0.273
C1 纺织、服装、毛皮业	42	0.00	0.94	0.252	0.201	0.197
C2 木材、家具业	4	0.15	0.21	0.174	0.029	0.167
C3 造纸、印刷业	16	0.12	0.70	0.381	0.141	0.424
C4 石油、化学、塑胶、塑料业	78	0.00	0.76	0.360	0.192	0.349
C5 电子业	46	0.06	0.79	0.223	0.147	0.182
C6 金属、非金属业	88	0.12	0.79	0.382	0.162	0.349
C7 机械、设备、仪表业	172	0.00	0.82	0.244	0.175	0.182
C8 医药、生物制品业	80	0.06	0.76	0.293	0.182	0.273
C9 其他制造业	6	0.24	0.48	0.379	0.111	0.409

第二，本书将样本公司划分为重污染行业与非重污染行业两类。根据国家环保部发布的《上市公司环境信息披露指南（征求意见稿）》以及《上市公司环保核查行业分类管理名录》的规定，重污染行业包括十六类：火电、钢铁、水泥、电解铝、煤炭、冶金、化工、石化、建材、造纸、酿造、制药、发酵、纺织、制革和采矿业。结合证监会 2001 年《上市公司行业分类指引》，沈洪涛、冯杰（2010）将重污染行业归纳界定为八类：采掘业、水电煤业、食品饮料业、纺织服装皮毛业、造纸印刷业、石化塑胶业、金属非金属业、生物医药业。本书的制造业研究样本包含十个子行业，其中六个子行业属于重污染行业，四个子行业属于非重污染行业，具体如表 5 – 9 所示。

表 5-9　制造业子行业样本按是否属于重污染行业分类情况

行业代码	重污染行业	样本量	行业代码	非重污染行业	样本量
C0	食品、饮料业	40	C2	木材、家具业	4
C1	纺织、服装、皮毛业	42	C5	电子业	46
C3	造纸、印刷业	16	C7	机械、设备、仪表业	172
C4	石油、化学、塑胶、塑料业	78	C9	其他制造业	6
C6	金属、非金属业	88			
C8	医药、生物制品业	80			
合计		344	合计		228

经统计，样本公司中有60%的公司属于重污染行业，40%的公司属于非重污染行业。不同污染行业类型下企业环境信息披露指数的具体情况如表5-10所示。总体来看，重污染行业样本公司环境信息披露水平EIDI的均值和中位数均显著高于非重污染行业，并且两类行业EIDI均值和中位数的差异均在1%显著水平上显著，说明是否重污染行业是影响样本公司环境信息披露水平的因素之一。

表 5-10　不同污染类型行业公司环境信息披露指数描述性统计

Panel A	观测值	均值	标准差	中位数
重污染行业	344	0.333	0.187	0.300
非重污染行业	228	0.240	0.168	0.180

Panel B	t 值	Z 值
	6.054***	6.229***

注：*** 表示在1%显著性水平显著。

第三，本书按照公司产品与最终消费者接近程度的高低，将样本公司划分为消费者接近度高的行业和消费者接近度低的行业两类。根据 Cowen、Ferreri、Parker（1987），崔秀梅（2009），杨海燕（2012）等，与最终消费者接近程度高的企业所受公众关注度比较高，因而倾向于披露更多的社会责任与环境信息。消费者接近度高的行业包括：日用商品、服装纺织、食品饮料、药品、通信服务、水电煤气、银行等，其他行业则属于消费者接近度低的行业。借鉴这种行业划分方法，本书将研究样本制造业子行业划分为消费者接近度高的行业和消费者接近度低的行业两类，具体如表 5－11 所示。

表 5－11　制造业子行业样本按消费者接近度高低分类情况

行业代码	消费者接近度高的行业	样本量	行业代码	消费者接近度低的行业	样本量
C0	食品、饮料业	40	C4	石油、化学、塑胶、塑料业	78
C1	纺织、服装、皮毛业	42	C5	电子业	46
C2	木材、家具业	4	C6	金属、非金属业	88
C3	造纸、印刷业	16	C7	机械、设备、仪表业	172
C8	医药、生物制品业	80	C9	其他制造业	6
合计		182	合计		390

经统计，样本公司中有 32% 的公司属于消费者接近度高的公司，有 68% 的公司属于消费者接近度低的公司。按消费者接近程度进行行业分类下，公司环境信息披露指数的具体情况如表 5－12 所示。总体来看，消费者接近度高的行业中公司环境信息披露水平 EIDI 的均值和中位数均略高于消费者接近度低的行业，但是两类行业 EIDI 均值和中位数的差异没有通过显著性检验，说明产品接近最

终消费者的程度对样本公司环境信息披露水平的影响有限。

表 5－12　　不同消费者接近度行业公司环境信息披露指数描述性统计

Panel A	观测值	均值	标准差	中位数
消费者接近度高的行业	182	0.298	0.184	0.273
消费者接近度低的行业	390	0.296	0.186	0.258

Panel B	t 值	Z 值
	0.093	0.137

四　环境信息披露指数的国有性质差异分析

根据国家统计局 2005 年印发的《关于统计上对公有和非公有控股经济的分类办法》①，公司性质可以划分为：国有控股、集体控股、私人控股、港澳台控股、外商控股五种情况。本书根据研究问题，将公司性质划分为国有控股和非国有控股两种。国有控股公司一般包括国家控股公司、国家投资公司、大型国有集团控股公司、地区国有控股公司四种情况。当公司的最终控制人是国家、省、市各级国有资产监督管理委员会，或者各级国有资产投资公司，或者各级国有控股集团公司时，可以认定公司性质为国有控股，除此之外的公司为非国有控股公司。

经统计，样本公司中有 64% 的公司属于国有控股公司，36% 的公司属于非国有控股公司。不同性质公司的环境信息披露指数具体情况如表 5－13 所示。总体来看，国有控股公司环境信息披露水平

① 国家统计局网站 http：//www.stats.gov.cn/tjsj/tjbz/200611/t20061123_ 8664.html。

EIDI 的均值和中位数均高于非国有控股公司，并且两类公司 EIDI 均值和中位数的差异均在 1% 显著水平上显著，说明公司性质是影响样本公司环境信息披露水平的因素之一。

表 5-13　　不同性质公司环境信息披露指数描述性统计

Panel A	观测值	均值	标准差	中位数
国有控股公司	364	0.313	0.189	0.273
非国有控股公司	208	0.270	0.173	0.242

Panel B	t 值	Z 值
	2.661***	2.604***

注：*** 表示在 1% 显著性水平显著。

五　环境信息披露指数的规模差异分析

本书以公司期末总资产的自然对数作为公司规模的替代变量，以全体样本公司规模变量的均值为界，把样本公司划分为大规模公司和小规模公司两类。具体而言，规模变量取值大于样本公司规模均值的归为大规模公司；规模变量取值小于样本公司规模均值的归为小规模公司。

经统计，样本公司中有 44.41% 的公司属于规模超过行业平均水平的大公司，有 55.59% 的公司属于小规模公司。不同规模公司的环境信息披露指数具体情况如表 5-14 所示。总体来看，大规模公司环境信息披露水平 EIDI 的均值和中位数均明显高于小规模公司，并且两类公司 EIDI 均值和中位数的差异均在 1% 显著水平上显著，说明公司规模是影响样本公司环境信息披露水平的因素之一。

表 5－14　　不同规模公司环境信息披露指数描述性统计

Panel A	观测值	均值	标准差	中位数
大规模公司	254	0.370	0.184	0.364
小规模公司	318	0.239	0.163	0.212

Panel B	t 值	Z 值
	9.030***	8.656***

注：*** 表示在 1% 显著性水平显著。

六　环境信息披露指数的报告形式差异分析

本书所称的独立报告泛指社会责任报告、可持续发展报告、环境报告等报告形式。下面首先对样本公司分年度、分行业发布独立报告的情况进行统计，然后对是否发布独立报告与公司环境信息披露指数的相关性进行分析。

1. 不同年度发布独立报告情况分析

不同年度样本公司发布独立报告的数量和比例如表 5－15 所示。可以发现，不管是发布独立报告的公司数量还是比例，2012 年相比 2011 年都有小幅度上升，但上升幅度非常小。总体来看，样本公司中发布独立报告的公司比例仅略高于四成，未发布独立报告的公司比例约占六成。不同年度公司发布独立报告的情况没有明显的变化如图 5－4 所示。

表 5－15　　不同年度发布独立报告情况统计

年度	未发布独立报告		发布独立报告		合计	
	公司数量（家）	百分比（%）	公司数量（家）	百分比（%）	公司数量（家）	百分比（%）
2011	167	58	119	42	286	100
2012	162	56	124	43	286	100
合计	329	57.5	243	42.5	572	100

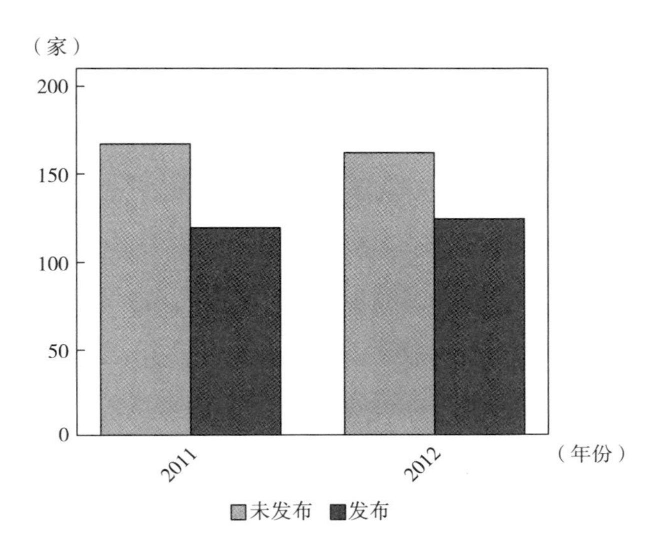

图 5－4　不同年度发布独立报告数量条形图

2. 不同行业发布独立报告情况分析

按照重污染行业与非重污染行业统计样本公司发布独立报告的数量和比例情况如表 5－16 所示。可以发现，不管是重污染行业还是非重污染行业，发布独立报告的公司比例都是略高于四成，未发布独立报告的公司比例约占六成。不同污染类型行业发布独立报告数量情况如图 5－5 所示。

表 5－16　　不同污染类型行业发布独立报告情况统计

行业类型	未发布独立报告		发布独立报告		合计	
	公司数量（家）	百分比（%）	公司数量（家）	百分比（%）	公司数量（家）	百分比（%）
重污染行业	198	57.6	146	42.4	344	100
非重污染行业	130	57	98	43	228	100
合计	328	57.3	244	42.7	572	100

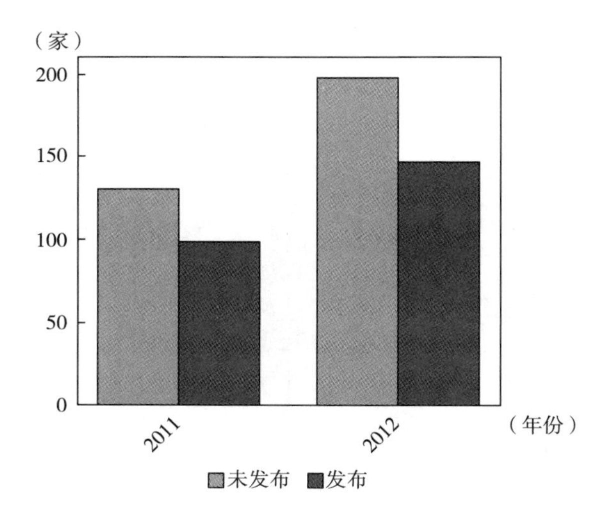

图 5－5　不同污染类型行业发布独立报告数量条形图

不同制造业子行业发布独立报告的数量和比例情况如表 5－17 所示。

表 5－17　　不同制造业子行业发布独立报告情况统计

行业代码	未发布独立报告		发布独立报告		合计	
	数量	百分比（%）	数量	百分比（%）	数量	百分比（%）
C0	26	65	14	35	40	100
C1	31	73.8	11	26.2	42	100
C2	4	100	0	0	4	100
C3	8	50	8	50	16	100
C4	45	57.7	33	42.3	78	100
C5	29	63	17	37	46	100
C6	41	46.6	47	53.4	88	100
C7	96	55.8	76	44.2	172	100
C8	47	58.8	33	41.2	80	100
C9	2	33.3	4	66.7	6	100
合计	329	57.5	243	42.5	572	100

表5－17显示，从发布独立报告的数量来看，发布独立报告数量最多的子行业是机械、设备、仪表业，其次是金属、非金属业，第三是石油、化学、塑胶、塑料业、医药、生物制品业，最差的是木材、家具业。从发布独立报告的比例来看，发布独立报告比例最高的子行业是其他制造业，其次是金属、非金属业，第三是造纸、印刷业，最差的是木材、家具业。独立报告发布情况在各子行业之间分布非常不均匀如图5－6所示。

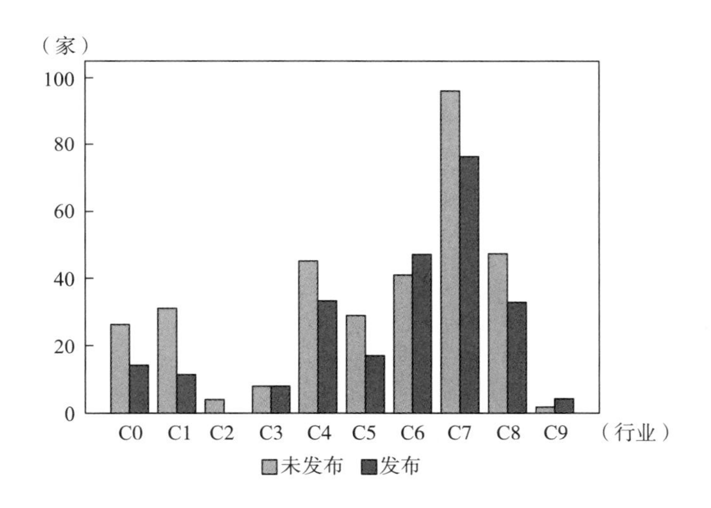

图5－6　制造业各子行业发布独立报告数量条形图

3. 是否发布独立报告分组下公司环境信息披露指数的具体分析

按公司是否发布独立报告将样本公司分为两组：发布独立报告公司与未发布独立报告公司。这种分组下企业环境信息披露指数的具体情况如表5－18所示。总体来看，发布独立报告公司环境信息披露水平EIDI的均值和中位数均明显高于未发布独立报告公司，并且两类公司EIDI均值和中位数的差异均在1%显著水平上显著，说明是否发布独立报告是影响样本公司环境信息披露水平的因素之一。

表 5-18　发布独立报告分组下公司环境信息披露指数描述性统计

Panel A	观测值	均值	标准差	中位数
发布独立报告公司	244	0.445	0.160	0.455
未发布独立报告公司	328	0.187	0.110	0.152

Panel B	t 值	Z 值
	2.661***	16.695***

注：*** 表示在 1% 显著性水平显著。

第四节　上市公司环境信息披露的现状与问题分析

本书研究了上交所 A 股制造业上市公司 2011 年和 2012 年年报及独立报告中的环境信息披露情况，制造业下所含子行业种类较多且超过一半的公司属于环保部界定的重污染行业，上交所 2008 年发布《上市公司环境信息披露指引》专门就环境信息披露做出明确要求，因此，本书的研究样本具有典型性，能在一定程度上反映当前我国上市公司环境信息披露的总体情况。

一　上市公司环境信息披露的现状特征

1. 披露环境信息的企业数量多但整体披露水平较低，企业间差异明显

首先，绝大多数企业在年报或独立报告或同时在两种载体中披

露了环境信息，但整体披露得分水平较低。在本书研究的572个样本观测值中，仅有7个观测值没有披露任何环境信息，占样本总数的1.2%，说明绝大多数公司或多或少地披露了部分环境信息。但是，在环境信息披露指数满分为1的情况下，样本公司的平均得分仅为0.296。环境信息披露指数在0.10以下（含0.10）的观测值占样本总数的15.6%，披露指数在0.10—0.20（含0.20）之间的占20.6%，披露指数在0.20—0.30（含0.30）之间的占23.8%，累计有大约60%的样本公司环境信息披露指数在0.30（含0.30）以下，企业环境信息披露水平普遍较低。

其次，企业间环境信息披露水平的差异非常明显。从环境信息披露指数得分看，在满分为1的情况下，样本公司最高得分为0.94，最低得分为0。环境信息披露指数在0.50以下（含0.50）的观测值占样本总数的84.7%，环境信息披露指数在0.70以上的观测值仅占样本总数的4%，说明样本公司环境信息披露水平差异悬殊，多数企业环境信息披露水平偏低，仅少数企业披露水平较高。本章第三节从地区、行业、公司性质、公司规模、报告形式等方面对样本公司环境信息披露指数的具体特征进行详细分析，结果显示不同类型企业间环境信息披露水平差异非常明显。

第三，2012年公司环境信息披露水平相比2011年没有显著提升。样本公司环境信息披露指数在2011年的均值为0.289，2012年的均值为0.302。与2011年相比，样本公司2012年环境信息披露平均水平有所提高但提高幅度非常有限，两年间公司环境信息披露水平没有显著差异。

从本书的研究结论看，上市公司环境信息披露的整体水平仍然较低，2012年相比2011年环境信息披露水平提升有限，说明《上市公司环境信息披露指南（征求意见稿）》《企业环境报告书编制导则》法规文件并未充分发挥作用，提升企业环境信息披露水平的任务仍然任重而道远。

2. 环境信息披露以正面定性信息为主，定量信息和负面信息较少

首先，多数企业仅披露很少的环境信息，并且披露内容以简单的定性描述性信息为主。在本书设置的十三个方面的环境信息披露内容（详见本章第二节表5-2）中，前六个方面涉及定性信息，后七个方面涉及定量信息。本书研究发现：从环境信息披露内容具体项目得分情况看，得分较高的项目包括：A1、A2、A5、A10、A11；得分较低的项目包括：A7、A8、A9、A12、A3、A4、A6。由此可见，得分较高的内容项目以定性描述性信息为主如A2、A5、A10等，而反映公司环境业绩定量化信息的披露内容项目普遍得分较低如A7、A8、A9等，这可能是由于多数企业环境管理及环境会计核算工作没有做好，因此无法披露具体量化信息。

其次，企业披露的环境信息多为正面积极信息，负面信息较少。样本公司环境信息披露得分较高的具体项目披露的大多属于正面、积极的信息或定性、笼统的信息，如：A11属于正面信息且在年报附注中设有固定披露位置、A10属于正面积极信息，样本公司得分较高；A1、A2、A10属于定性信息，样本公司通常只是简单笼统地披露。对于负面信息，样本公司披露的非常少，如：A5这个项目虽然得分较高，但绝大多数公司仅在董事会报告中用一句话说明未发生重大环保事故。所有披露项目中得分最低的项目是A12，几乎没有公司披露环保诉讼和罚款情况，只有宝钢股份在其2011年可持续发展报告中披露了其下属公司因燃煤锅炉SO_2排放浓度超标受到环

保局行政处罚的信息。

3. 年报与独立报告披露载体的环境信息披露各有特点

首先，年报和独立报告中环境信息的披露位置相对固定。企业在年报中披露的环境信息最常出现的位置是董事会报告和年报附注。A2、A5、A10 等信息通常在董事会报告中披露，而 A11、A13 中的排污费、环保贷款、环保相关的预计负债等信息通常在报表附注中披露。除此之外，企业有时也在年报中的重要事项等位置披露环境信息。总体而言，年报中披露的环境信息比较分散，加之年报本身信息含量非常大，因此，仅有的少量环境信息很容易淹没在年报的海量信息中而不被发现和重视。相对而言，独立报告中披露的环境信息则相当集中，不管是企业实践中使用最多的社会责任报告，还是可持续发展报告或环境报告，都会至少单独设置一个部分披露环境相关的信息。独立报告中披露的环境信息也比较全面，既包含 A2、A4、A6 等定性信息，也包含 A7、A8、A9、A10 等与公司环境绩效紧密相关的定量信息。总体来看，发布独立报告的企业环境信息披露平均水平明显高于未发布独立报告的企业，企业在独立报告中披露的环境信息不管是在数量上还是在质量上都要优于在年报中披露的环境信息。

其次，年报仍是环境信息披露主要载体，发布独立报告公司尚未过半。在本书研究的 572 个样本观测值中，有 7 个公司年度观测值没有披露任何环境信息，占样本总数的 1.2%；仅在年报中披露环境信息的有 322 个公司年度观测值，占样本总数的 56.3%；同时在年报和独立报告中披露环境信息的有 243 个公司年度观测值，占样本总数的 42.5%。由此可见，除极少数企业没有披露任何环境信息之外，超过半数的企业仅仅在年报中披露环境信息，发布独立报告并同时在年报和独立报告中披露环境信息的企业数量约占四成。这说明在国家相关政策的指引下，越来越多的企业开始发布社会责任报告等独立报告披露环境信息。笔者发现，环境信息披露指数得分较高的企业均为同时在年报和独立报告中披露环境信息，如：浙江富润（600070）、青岛海尔（600690）、南京化纤（600889）、宝钢股份（600019）、太极实业（600667）、中国铝业（601600）、贵州茅台（600519）、青岛啤酒（600600）等。

第三，社会责任报告是最常见的独立报告形式，发布环境报告的企业较少。企业发布独立报告的形式包括社会责任报告、可持续发展报告、环境报告等。其中，社会责任报告是采用最多的形式，可持续发展报告和环境报告则比较少。显然，这与深交所、上交所相继出台要求上市公司履行社会责任并发布社会责任报告的指引文件紧密相关。相对而言，国家环保部 2011 年发布《企业环境报告书编制导则》的引导作用并不显著，编制环境报告书的公司仅浙江富润（600070）、青岛海尔（600690）、太极实业（600667）、人福医药（600079）、民丰特纸（600235）等少数几家公司。编制可持续发展报告的公司也比较少，有宝钢股份（600019）、青岛啤酒（600600）、海螺水泥（600585）等。值得一提的是，青岛海尔（600690）自 2006 年以来连续发布环境报告，自 2009 年以来连续发布社会责任报告，近五年来青岛海尔同时发布社会责任报告和环境报告，独立环境报告的发布有利于集中、全面地披露环境信息，也体现了企业的环境意识及环境管理水平比较先进。

二 上市公司环境信息披露的问题总结

通过对我国上市公司环境信息披露现状整体情况的分析，我们发现整体披露水平低、详细的定量化信息和负面信息少、通过独立报告集中披露信息的公司数量少等问题，这些问题不仅仅是公司本身的问题，从深层次上也反映出政府、社会、公司三方面均存在一定的缺失。

1. 政府层面：存在制度监管的缺失，没有发布专门针对企业环境信息披露的法律规范和具体准则，是根本原因。

第一，缺少企业环境责任与环境信息披露的专门立法。我国现有的对于企业社会责任、环境责任以及环境信息披露的要求立法层级比较低、强制性差，主要体现在国家环保部部门规章及证券交易所的指引性文件中，通常对企业环境信息披露仅作鼓励性、引导性、原则性的规定，这是我国企业环境信息披露水平普遍较低的根本原因。

第二，缺少企业环境会计与信息披露的专门准则与制度。当前我国环境会计研究仍然处于理论层面，尚未出台专门的环境会计准则和制度，有关环境会计与信息披露的规定零星散布在企业会计准则之中；国家已出台法规文件也只是强调重污染行业企业应该披露的环境信息内容，并没有规定具体的披露标准和披露位置。因此，由于缺乏具体的操作标准和规范，企业环境信息披露基本上处于强制与自愿披露结合的局面，企业环境信息披露的随意性比较大。

第三，缺少企业环境信息披露监管制度。政府监管是相关法规政策能够在企业层面得到有效执行的保障。环保部相关文件对于应当披露环境信息的企业范围最初界定为两类：一是重污染行业上市公司上市或再融资时，二是污染物排放超标列入污染严重企业名单的企业。环保部2010年颁布的《上市公司环境信息披露指南（征求意见稿)》规定，重污染行业上市公司应当定期披露环境信息、发布年度环境报告，从而将环境信息披露的范围扩大到所有重污染行业上市公司。但是，本书研究发现，有相当比例的重污染行业上市公司并没有按照要求披露相关的环境信息，发布年度环境报告的公司更是寥寥无几，多数公司都声称自己未列入环保部门公布的污染严重企业名单。由于政府对企业环境信息披露缺乏强有力的监管制度和监管力度，企业不披露环境信息预期不会受到政府处罚或损害企业形象，企业环境信息披露制度很难有效实施。

2. 社会层面：存在舆论监督的缺失，社会中介机构和公众舆论没有形成对公司环境信息披露的监督机制和监督合力，是主要原因。

首先，社会中介机构尚未发挥有效监督作用。由于当前多数企业属于自愿披露环境信息，他们有没有披露以及披露情况如何通常不会影响注册会计师事务所或行业协会等中介机构对企业的评价，企业没有被监督的外在压力，再加上缺乏内在的披露动力，很难积极主动披露环境信息。

其次，社会公众、媒体舆论的监督机制不畅。当前，社会公众和媒体的环境意识已经有所提升，开始关注企业的环境表现，但是社会监督力量尚未形成合力，还没有形成能够对企业产生足够舆论压力的社会监督机制。本书研究发现，对于消费者绿色品牌的评价，目前就有“中国绿公司”“中国绿色品牌百强”等由不同机构发起的不同评选活动，这些评选缺乏连续性，没有形成合力，影响力有限。此外，一直比较受关注的环境公益诉讼制度虽然终于在2013年被写入《环境保护法修正案（草案）》，但环境公益诉讼主体的范围界定却比较稳健，该制度的有效实施及环保社会监督机制的形成仍有很长的路要走。

3. 企业层面：存在环境治理的缺失，没有完善的环境管理和内部治理结构，是内部的重要原因。

首先，企业环境意识薄弱、环境管理不到位、环境绩效水平不高，是企业环境信息披露水平普遍较低的重要原因。一方面，财务绩效好的企业通常会比较重视环境管理组织和环境管理体系建设，通过 ISO 14001 环境管理体系认证；财务绩效差的企业没有能力承担更多的环境管理及环境信息披露成本。另一方面，环境管理与环境绩效好的企业愿意通过环境信息披露树立良好的企业形象；环境绩效差的企业担心公布环境信息受到处罚会选择不披露或少披露环境信息。因此，财务绩效、环境绩效、环境信息披露之间应形成良性的循环。企业环境信息披露水平偏低也可视为其财务绩效不佳的一个表现。

其次，良好的公司治理能够促进企业提高环境信息披露水平。公司内部治理结构不完善，是目前企业环境信息披露水平较低的重要原因之一。

第五节　本章小结

本章首先选取上交所 A 股制造业上市公司 2011 年和 2012 年的年报及独立报告为研究样本；其次构建环境信息披露指数衡量企业环境信息披露水平；再次从行业、地区、公司性质、公司规模、是否发布独立报告五个方面对样本公司环境信息披露指数进行了描述性统计分析，研究发现：东部地区公司的环境信息披露水平最高，中部次之，西部最差；重污染行业公司的环境信息披露水平显著高于非重污染行业；国有控股公司环境信息披露水平显著高于非国有控股公司；大规模公司的环境信息披露水平显著高于小规模公司；发布独立报告公司的环境信息披露水平显著高于未发布独立报告公司；最后，本章总结了上市公司环境信息披露的现状特征及存在的问题，并从政府监管、社会监督、企业环境治理三个层面分析了问题产生的可能原因。本章第三节描述性统计分析可为第六章环境信息披露影响因素实证分析提供初步的结论，第四节现状与问题分析可为第七章提出政策建议做好铺垫。

第六章　上市公司环境信息披露影响因素的实证分析

本章根据第四章构建的企业环境信息披露动机的理论分析框架，基于内在动机通过企业环境信息披露行为形成外在影响因素的原理，分别从政治合法性动机、社会合法性动机、经济合法性动机三方面选取指标，对样本公司环境信息披露的影响因素进行实证分析。根据企业是否属于重污染行业将样本公司进一步划分为强制性披露子样本和自愿性披露子样本，比较不同类型企业环境信息披露影响因素的差异，从而揭示不同类型企业环境信息披露动机的差异，为第七章提出针对性的政策建议奠定基础。

第一节　研究设计

一　研究样本及数据来源

本章的研究样本仍然沿用第五章环境信息披露指数现状分析中使用的样本，即：上交所 A 股制造业上市公司 2011 年和 2012 年的年报及独立报告中披露的环境信息。其中，独立报告是指独立于年报而单独发布的社会责任报告、可持续发展报告或环境报告。在删除了样本期间新上市公司、退市公司、ST 及 * ST 公司、研究变量缺失公司之后，最终得到 286 家公司共 572 个样本公司年度观测值。

公司年报和独立报告来自巨潮资讯网、新浪财经网、企业可持续发展报告资源中心网站及部分公司网站。本书构建的被解释变量为环境信息披露指数，是通过逐家阅读公司年报和独立报告中相关信息并运用内容分析法评分计算产生的。解释变量中高管政治关联、员工学历情况等通过逐家阅读公司年报和独立报告获得；百度搜索指数通过在百度指数官方网站以公司代码和时间为关键词逐家查找；PITI 指数根据公司注册地对照中国 113 座城市污染源监管信息公开指数年度报告中的指数得分逐家查找确定；绿色品牌根据 2012 年中国绿色品牌百强名单确定；其他变量数据均来自 CSMAR 数据库。使用 EXCEL 软件进行基本数据处理，使用 SPSS17.0 软件进行数据分析。

二　变量设计与变量定义

1. 被解释变量

被解释变量为环境信息披露指数 EIDI，即第五章所构建的企业环境信息披露指数，反映企业环境信息披露水平，用来检验各影响因素对企业环境信息披露水平的影响。

2. 解释变量

（1）政治合法性动机方面的影响因素解释变量

PITI，表示城市污染源监管信息公开指数，作为地方政府环境监管压力的替代变量。PITI 指数是由公众环境研究中心与美国自然资源保护委员会合作开发的一套对地方政府环境信息公开法规执行情况的评价系统，自 2008 年以来连续对 113 个重点污染源的监管、处理工作及向公众公开情况进行跟踪评价，给出总体排名和细项得分。PITI 指数是当前我国最全面、最客观地评价地方政府对于环境信息披露法规执行情况的数据，同时能反映地方政府的环境监管力度。

STATE，表示公司性质是否为国有控股公司，作为公司所有权性质压力的替代变量。

PC，表示有政治背景董事占所有董事会成员的比例，作为公司高管政治关联影响因素的替代变量。董事会成员有政治背景是指其现在或曾经在政府部门任职、担任各级人大代表或政协委员。

（2）社会合法性动机方面的影响因素解释变量

ISO 14001，表示企业是否通过 ISO14001 环境管理体系认证，作为社会中介机构监督压力的一个替代变量。通过 ISO 环境管理体系认证的企业，通常具有较高的环境意识，会努力持续改进环境管理，提高环境信息披露水平。

BIG4，表示企业是否聘请国际四大会计师事务所审计，作为社会中介机构监督压力的另一个替代变量。国际四大会计师事务所是指普华永道、毕马威、德勤、安永。通常认为，国际四大会计师事务所能够提供高质量的审计业务，对企业会计信息披露产生监督压力。但是，由于目前我国没有专门的环境会计及信息披露准则，企业披露的环境信息数量普遍较少，聘请国际四大会计师事务所的公司可能会更加关注财务信息而忽略环境信息的披露。

BDINDEX，表示百度搜索指数，作为媒体公众舆论监督压力的替代变量。百度搜索指数是以百度海量网民行为数据为基础的数据分享平台，通过以公司代码和指定年份时间段为关键词查找公司的百度搜索指数，反映媒体和公众对于公司的关注度。根据样本公司百度搜索指数均值将样本公司进一步分为受到媒体舆论监督压力大的公司和受到媒体舆论监督压力小的公司两组。受到媒体舆论监督压力大的公司，更有动力披露更多的环境信息。

GREENBRAND，表示企业是否属于绿色品牌百强公司，作为消费者监督压力的替代变量。2012 年，中国品牌杂志社研究部与北京大学中国品牌研究中心共同发布“2012 中国绿色品牌百强”榜单，绿色品牌百强的评选总体原则是可持续原则和生态原则，因此与本书研究的企业环境信息披露非常契合。绿色品牌百强既是消费者对企业在环保方面的认可和赞誉，更是对企业未来环保表现和环境业绩的期待，预期会对企业产生较大压力，促进企业环境信息披露水平的提高。

EEDUR，表示公司大专以上学历员工占全体员工的比例，作为公司员工监督压力的替代变量。由于高学历员工的环保意识和维权意识更强，因此高学历员工所占比例越高，员工对企业披露环境信息的需求越强，员工对企业环境信息披露的压力预期会促进企业提高环境信息披露水平。

（3）经济合法性动机方面的影响因素解释变量

FINANCE，表示企业是否存在外部融资需求，作为企业外部融资需求的替代变量。首先，借鉴 Leuz、Schrand（2009）的方法使用企业投资活动现金净流出量除以期末总资产得到企业当年的外部融资需求；其次，计算全体样本公司外部融资需求的均值，根据均值把样本公司分为两组：外部融资需求大于均值的为有融资需求组；外部融资需求小于均值的为无融资需求组。融资需求大的公司具有披露环境信息的经济合法性动机，预期其环境信息披露水平更高。

LOAN，表示长期和短期银行借款之和占企业债务总额的比例，作为债权人压力的替代变量。银行是企业最主要的债权人，在我国绿色信贷制度背景下，银行除了关注企业的财务预算业绩和偿债能力之外，还需关注企业的环境业绩和环境风险，从而产生对企业环境信息的需求。银行借款在企业负债中所占比重越大，银行对企业的影响力越大，预期会促进企业环境信息披露水平的提高。

TOP1，表示公司第一大股东持股比例，反映公司的股权集中度，作为公司治理结构影响因素的替代变量之一。股权集中度高的公司，更关注大股东的经济利益而不重视公司环境责任的履行，环境信息披露水平较差。

IDR，表示独立董事占董事会人数的比例，作为公司治理结构影响因素的替代变量之一。独立董事占董事会人数比例越大，来自外部的独立监督力量越强，企业环境信息披露水平越高。

JSHH，表示监事会人数，作为公司治理结构影响因素的替代变量之一。监事会人数越多，越有助于发挥内部监督作用，预期会促进企业环境信息披露水平。

3. 控制变量

为了使回归结果更为准确，根据文献及本书第五章上市公司环境信息披露指数描述性统计分析的结论，本书从地区、规模、财务杠杆、盈利能力、报告形式、年度、行业等方面设置了如下控制变量：

EAST，表示公司注册地在东部地区。东部地区取值为1，否则取值为0。

MIDDLE，表示公司注册地在中部地区。中部地区取值为1，否则取值为0。

SIZE，代表公司规模，用年末总资产的自然对数表示。

LEV，代表财务杠杆用来衡量公司的负债水平，用期末资产负债率即期末总负债/期末总资产表示。

ROA，代表企业的盈利能力，用资产报酬率即当期净利润/期末总资产表示。

DLBG，表示企业是否发布独立报告。如果企业发布了环境报告、社会责任报告、可持续发展报告等形式的独立报告，取值为1，未发布独立报告取值为0。

YEAR，代表年度控制变量，本书样本期间为2011年和2012年，设置一个年度虚拟变量，当样本观测值属于2012年时取值为1，属于2011年时取值为0。

此外，样本涉及制造业下十个子行业，因此设置了九个行业虚拟变量。

上述各变量定义及度量方法、预期回归符号如表6-1所示。

表6-1　环境信息披露影响因素分析主要变量定义

变量名称	变量含义	变量度量	预期符号
被解释变量：			
EIDI	环境信息披露指数	根据内容分析法评分计算得到	
解释变量：			
政治合法性动机影响			
因素解释变量：			
PITI	地方政府环境监管压力	城市污染源监管信息公开指数得分	+
STATE	公司所有权性质压力	国有控股公司取1，否则取0	+/-
PC	公司高管政治关联	有政治关联董事人数/董事会人数	-

续表

变量名称	变量含义	变量度量	预期符号
社会合法性动机影响			
因素解释变量：			
ISO14001	社会中介机构监督压力	通过 ISO 环境认证取 1，否则取 0	+
BIG4	社会中介机构监督压力	聘请国际四大事务所取 1，否则取 0	-
BDINDEX	媒体公众舆论监督压力	百度指数大于均值取 1，否则取 0	+
GREENBRAND	消费者监督压力	是绿色品牌百强公司取 1，否则取 0	+
EEDUR	员工监督压力	大专以上学历员工人数/员工总人数	+
经济合法性动机影响			
因素解释变量：			
FINANCE	公司外部融资需求	有外部融资需求取 1，否则取 0	+
LOAN	公司债权人压力	期末长短期银行借款之和/期末负债	+
TOP1	股权集中度	第一大股东持股比例	-
IDR	独立董事比例	独立董事人数/董事会人数	+
JSHH	监事会规模	监事会人数	+
控制变量：			
EAST	东部地区	注册地在东部地区取 1，否则取 0	+
MIDDLE	中部地区	注册地在中部地区取 1，否则取 0	+
SIZE	公司规模	期末总资产的自然对数	+
LEV	财务杠杆	期末资产负债率	+
ROA	盈利能力	当期净利润/期末总资产	+
DLBG	独立报告	发布独立报告取 1，否则取 0	+
YEAR	年度	2012 年取 1，2011 年取 0	+
C0 - C8	行业	属于某子行业取 1，否则取 0	+/-

三　研究模型的构建

根据研究假设，本书构建如下实证模型：

$$EIDI = \beta_0 + \beta_1 * Independent\ Variables + \beta_2 * Control\ Variables + \varepsilon \quad (6-1)$$

其中，*EIDI* 为被解释变量环境信息披露指数，表示上市公司环境信息披露水平，β_0 为截距项，β_1 为解释变量的回归系数，β_2 为控制变量的回归系数；Independent Variables 为解释变量，根据前文所提假设，解释变量包括三类：政治合法性影响因素解释变量、社会合法性影响因素解释变量、经济合法性影响因素解释变量；Control Variables 为控制变量，根据文献及本书第五章环境信息披露指数的描述性统计分析结论确定，包括：地区、公司规模、财务杠杆盈利能力、独立报告、年度、行业。

第二节　实证检验

一　描述性统计分析

本书在研究企业环境信息披露影响因素时，分别从政治合法性动机、社会合法性动机、经济合法性动机三方面选取了十三个影响因素作为解释变量，检验本书提出的十项研究假设，同时设置七类控制变量。变量描述性统计见表 6－2。

表 6－2　　环境信息披露影响因素分析主要变量描述性统计

变量	样本量	最小值	最大值	均值	标准差
EIDI	572	0	0.94	0.296	0.185
PITI	572	13.4	85.3	51.817	17.669
STATE	572	0	1	0.640	0.481
PC	572	0	0.714	0.113	0.139
ISO14001	572	0	1	0.300	0.458
BIG4	572	0	1	0.100	0.302

续表

变量	样本量	最小值	最大值	均值	标准差
BDINDEX	572	0	1	0. 350	0. 477
GREENBRAND	572	0	1	0. 070	0. 255
EEDUR	572	0. 018	1	0. 380	0. 185
FINANCE	572	0	1	0. 430	0. 496
LOAN	572	0	1	0. 354	0. 219
TOP1	572	0. 0745	0. 8523	0. 357	14. 798
IDR	572	0. 2	0. 625	0. 364	0. 054
JSHH	572	2	12	4. 060	1. 396
EAST	572	0	1	0. 580	0. 493
MIDDLE	572	0	1	0. 220	0. 411
SIZE	572	19. 237	26. 487	22. 285	1. 213
LEV	572	0. 047	0. 954	0. 511	0. 181
ROA	572	-0. 277	0. 477	0. 038	0. 061
DLBG	572	0	1	0. 430	0. 495
YEAR	572	0	1	0. 500	0. 500
C0	572	0	1	0. 070	0. 255
C1	572	0	1	0. 070	0. 261
C2	572	0	1	0. 010	0. 083
C3	572	0	1	0. 030	0. 165
C4	572	0	1	0. 140	0. 343
C5	572	0	1	0. 080	0. 272
C6	572	0	1	0. 150	0. 361
C7	572	0	1	0. 300	0. 459
C8	572	0	1	0. 140	0. 347

被解释变量方面，环境信息披露指数EIDI的最大值为0. 94，最小值为0，均值仅为0. 296。解释变量方面，首先是政治合法性影响因素：城市污染源监管信息公开指数PITI的最大值为85. 3，最小

值为13.4，均值为51.817；公司所有权性质变量STATE的统计结果显示，样本公司中有64%的公司属于国有控股公司；样本公司中具有政治关联的董事占董事会成员比例平均为11.3%。其次是社会合法性影响因素：通过国际ISO 14000环境管理体系认证的样本公司比例平均为30%；聘请国际四大会计师事务所审计的公司平均占10%；反映媒体公众舆论监督压力的百度搜索指数压力平均为35%；绿色品牌百强公司占样本公司的7%；大专以上高学历员工占员工比例平均为38%。最后是经济合法性影响因素：有外部融资需要的公司约占样本总量的43%；银行借款占负债比重平均为35.4%；第一大股东持股比例平均为35.7%；独立董事在董事会中比例平均为36.4%；监事会人数平均为4.06人。控制变量方面，地区、公司规模、资产负债率、资产报酬率、是否发布独立报告、年份及行业控制变量总体上分布比较均匀。

二　影响因素相关系数分析

表6-3为企业环境信息披露政治合法性动机方面的影响因素主要变量的Pearson相关系数表。可以看到，解释变量与被解释变量之间的相关性较强，公司规模及是否编制独立报告对企业环境信息披露的解释力最强。各个解释变量之间，除了代表东部地区的虚拟变量EAST与地方政府环境监管压力变量PITI之间相关系数为0.632，东部地区虚拟变量EAST与中部地区虚拟变量MIDDLE之间的相关系数为-0.620之外，其他解释变量之间的相关系数均在0.5以下，不存在严重的多重共线性问题。

表6-4为企业环境信息披露社会合法性动机方面的影响因素主要变量的Pearson相关系数表。由表中可以看到，解释变量与被解释变量之间的相关性较强，通过ISO 14001环境管理体系认证、公司

表 6－3　　政治合法性影响因素分析变量相关系数

	EIDI	PITI	STATE	PC	EAST	MIDDLE	SIZE	LEV	ROA	DLBG
EIDI	1.000									
PITI	0.090**	1.000								
STATE	0.112***	−0.013	1.000							
PC	0.110***	0.031	0.034	1.000						
EAST	0.094**	0.632***	0.011	−0.005	1.000					
MIDDLE	0.028	−0.377***	0.024	0.046	−0.620***	1.000				
SIZE	0.456***	0.037	0.148***	0.181***	0.006	0.028	1.000			
LEV	0.110***	0.011	0.155***	0.067	−0.077*	0.101**	0.362***	1.000		
ROA	0.079*	−0.015	−0.109***	0.007	0.032	−0.041	0.091**	−0.366***	1.000	
DLBG	0.691***	0.149***	0.130***	0.069*	0.119***	0.005	0.406***	0.046	0.123***	1.000

注：***、**和*分别表示在1%、5%和10%显著性水平显著。

表 6－4　社会合法性影响因素分析变量相关系数

	EIDI	ISO14001	BIG4	BDINDEX	GREENBRAND	EEDUR	EAST	MIDDLE	SIZE	LEV	ROA	DLBG
EIDI	1.000											
ISO14001	0.482***	1.000										
BIG4	0.189***	0.084**	1.000									
BDINDEX	0.178***	0.050	0.118***	1.000								
GREENBRAND	0.259***	0.165***	0.317***	0.245***	1.000							
EEDUR	-0.084**	-0.071*	0.160***	-0.052	0.080*	1.000						
EAST	0.094**	0.172***	0.119***	-0.043	0.120***	-0.047	1.000					
MIDDLE	0.028	-0.035	-0.049	0.071*	-0.077*	0.105**	-0.620***	1.000				
SIZE	0.456***	0.153***	0.413***	0.390***	0.392***	0.055	0.006	0.028	1.000			
LEV	0.110***	-0.065	0.034	0.093**	-0.003	-0.027	-0.077*	0.101**	0.362***	1.000		
ROA	0.079*	0.016	0.088**	0.029	0.238***	0.104**	0.032	-0.041	0.091**	-0.366***	1.000	
DLBG	0.691***	0.363***	0.272***	0.161***	0.235***	0.046	0.119***	0.005	0.406	0.046	0.123***	1.000

注：***、**和*分别表示在1%、5%和10%显著性水平显著。

规模及是否编制独立报告对企业环境信息披露的解释力最强。各个解释变量之间，除了代表东部地区的虚拟变量 EAST 与中部地区虚拟变量 MIDDLE 之间的相关系数为 -0.620 之外，其他解释变量之间的相关系数均在0.5以下，不存在严重的多重共线性问题。

表6-5为企业环境信息披露经济合法性动机方面的影响因素主要变量的 Pearson 相关系数表。由表中可以看到，解释变量与被解释变量之间的相关性较强，公司规模及是否编制独立报告对企业环境信息披露的解释力最强。各个解释变量之间，除了代表东部地区的虚拟变量 EAST 与中部地区虚拟变量 MIDDLE 之间的相关系数为 -0.620 之外，其他解释变量之间的相关系数均在0.5以下，不存在严重的多重共线性问题。

三　影响因素回归结果分析

对于企业环境信息披露影响因素的研究，根据合法性动机的三个方面即政治合法性动机、社会合法性动机、经济合法性动机分别进行考查，分析每一种合法性动机影响因素时，首先分别将每个影响因素的替代变量作为自变量放入模型，最后将这一类影响因素共同放入模型，考查同类影响因素对企业环境信息披露的整体影响。在研究样本方面，根据企业是否属于重污染行业将样本进一步划分为强制性披露的重污染行业子样本和自愿性披露的非重污染行业子样本。对于每类合法性动机影响因素进行分析时，都分别针对全样本、重污染行业样本、非重污染行业样本进行回归，以考察不同类型企业环境信息披露影响因素的差异。

1. 政治合法性动机方面的影响因素回归结果分析

（1）全样本政治合法性影响因素回归结果分析

表6-6列示了全样本政治合法性影响因素的回归结果。模型1

表 6－5 经济合法性影响因素分析变量相关系数

	EIDI	FINANCE	LOAN	TOP1	IDR	JSHH	EAST	MIDDLE	SIZE	LEV	ROA	DLBG
EIDI	1.000											
FINANCE	0.102**	1.000										
LOAN	0.059	0.126***	1.000									
TOP1	0.159***	-0.090**	-0.081*	1.000								
IDR	-0.022	0.018	-0.003	0.083**	1.000							
JSHH	0.206***	-0.036	0.024	0.048	-0.054	1.000						
EAST	0.094**	-0.040	-0.095**	0.085**	0.027	-0.039	1.000					
MIDDLE	0.028	0.027	0.056	-0.110***	-0.071*	-0.016	-0.620***	1.000				
SIZE	0.456***	0.188***	-0.007	0.343***	0.070*	0.211***	0.006	0.028	1.000			
LEV	0.110***	0.020	0.396***	0.092**	0.025	0.137***	-0.077*	0.101**	0.362***	1.000		
ROA	0.079*	0.092**	-0.357***	0.052	-0.015	0.028	0.032	-0.041	0.091***	-0.366***	1.000	
DLBG	0.691***	0.065	-0.074*	0.187***	0.053	0.172***	0.119***	0.005	0.406***	0.046	0.123***	1.000

注：***、**和*分别表示在1%、5%和10%显著性水平显著。

至模型3分析了三个政治合法性影响因素分别单独对企业环境信息披露的影响。

表6-6　　　　全样本政治合法性影响因素回归结果

变量	模型1	模型2	模型3	模型4
PITI	-0.017 (-0.464)			-0.017 (-0.469)
STATE		0.016 (0.543)		0.014 (0.478)
PC			0.033 (1.155)	0.032 (1.143)
EAST	0.118*** (2.752)	0.107*** (2.899)	0.107*** (2.918)	0.117*** (2.726)
MIDDLE	0.087** (2.458)	0.087** (2.451)	0.086** (2.405)	0.085** (2.393)
SIZE	0.187*** (5.478)	0.185*** (5.417)	0.179*** (5.193)	0.178*** (5.142)
LEV	0.022 (0.654)	0.020 (0.608)	0.019 (0.580)	0.020 (0.607)
ROA	-0.002 (-0.065)	0.000 (0.010)	-0.001 (-0.017)	0.001 (0.023)
DLBG	0.599*** (19.567)	0.596*** (19.530)	0.597*** (19.630)	0.598*** (19.458)
YEAR	0.019 (0.702)	0.019 (0.680)	0.019 (0.693)	0.020 (0.731)
C0	0.088 (1.204)	0.084 (1.144)	0.086 (1.184)	0.085 (1.160)
C1	0.001 (0.019)	0.001 (-0.010)	-0.001 (-0.019)	-0.001 (-0.010)
C2	-0.008 (-0.228)	-0.007 (-0.206)	-0.011 (-0.322)	-0.011 (-0.303)

续表

变量	模型 1	模型 2	模型 3	模型 4
C3	0.048 (0.944)	0.046 (0.897)	0.051 (0.993)	0.049 (0.948)
C4	0.114 (1.204)	0.109 (1.150)	0.113 (1.201)	0.110 (1.158)
C5	-0.086 (-1.122)	-0.089 (-1.152)	-0.089 (-1.154)	-0.088 (-1.137)
C6	0.079 (0.790)	0.075 (0.750)	0.082 (0.823)	0.078 (0.785)
C7	-0.161 (-1.300)	-0.170 (-1.364)	-0.161 (-1.302)	-0.166 (-1.333)
C8	0.015 (0.160)	0.010 (0.106)	0.010 (0.102)	0.008 (0.088)
调整 R^2	0.581	0.581	0.582	0.581
F 值	47.597***	47.608***	47.759***	42.638***

注：***、**和*分别表示在1%、5%和10%显著性水平显著。

在模型1中，地方政府环境监管压力的替代变量PITI与企业环境信息披露水平没有显著相关关系（相关系数-0.017，t值-0.464），与前述假设1-1不一致。笔者预期地方政府环境监管压力与公司环境信息披露正相关，回归结果显示相关系数为负但不显著，说明受到地方政府环境监管压力大的公司并没有披露更多的环境信息，暗示地方政府并没有发挥应有的环境监管作用。控制变量回归结果显示：东部地区公司环境信息披露水平显著好于西部地区；中部地区环境信息披露水平显著好于西部地区；大规模公司环境信息披露水平显著更好；发布独立报告的公司环境信息披露水平显著更好。这些实证结果与本书第五章环境信息披露指数的描述性统计分析结果是一致的。

在模型 2 中，公司所有权性质压力的替代变量 STATE 与企业环境信息披露水平没有显著相关关系（相关系数 0.016，t 值 0.543），与前述假设 1 –2 不一致。笔者预期国有控股公司与企业环境信息披露正相关或负相关，回归结果显示相关系数为正但不显著。可能的原因是全样本中既有强制性披露的重污染行业公司，也有自愿性披露的非重污染行业公司，掩盖了公司性质对环境信息披露的影响，本书将区分重污染行业子样本和非重污染行业子样本进行进一步检验。控制变量的回归结果与模型 1 一致。

在模型 3 中，公司高管政治关联的替代变量政治背景董事比例 PC 与企业环境信息披露水平没有显著相关关系（相关系数 0.033，t 值 1.155），与前述假设 1 –3 不一致。笔者预期高管政治关联与企业环境信息披露负相关，回归结果显示相关系数为正但不显著。说明高管政治关联没有对企业环境信息披露产生显著影响，也有可能是全样本掩盖了不同性质公司的不同特点，本书将区分重污染行业子样本和非重污染行业子样本进一步检验分析。控制变量的回归结果与模型 1 一致。

模型 4 显示了三个政治合法性影响因素变量整体对全样本公司环境信息披露影响的回归结果，结果与前述模型 1 至模型 3 的回归结果完全一致，三个解释变量的回归结果均不显著，控制变量的回归结果与模型 1 一致，不再详述。

（2）重污染行业子样本政治合法性影响因素回归结果分析

表 6 –7 列示了强制性披露的重污染行业子样本政治合法性影响因素的回归结果。模型 1 至模型 3 分析了三个政治合法性影响因素分别单独对企业环境信息披露的影响。

表6-7　　重污染行业子样本政治合法性影响因素回归结果

变量	模型1	模型2	模型3	模型4
PITI	-0.025 (-0.533)			-0.025 (-0.519)
STATE		0.099*** (2.230)		0.093** (2.463)
PC			0.073* (1.940)	0.068* (1.805)
EAST	0.1113** (2.008)	0.090* (1.859)	0.097** (2.022)	0.104* (1.854)
MIDDLE	0.082* (1.812)	0.076* (1.660)	0.077* (1.699)	0.072 (1.581)
SIZE	0.209*** (4.325)	0.202*** (4.253)	0.198*** (4.141)	0.190*** (3.976)
LEV	0.058 (1.324)	0.040 (1.092)	0.038 (0.762)	0.042 (0.881)
ROA	0.027 (0.625)	-0.016 (-0.372)	-0.023 (-0.549)	0.016 (-3.067)
DLBG	0.594*** (14.348)	0.583*** (14.251)	0.609*** (14.758)	0.498*** (12.510)
YEAR	0.003 (0.072)	-0.013 (-0.409)	0.008 (0.201)	-0.012 (-0.339)
C0	0.091** (2.103)	0.088** (2.263)	0.098** (2.2.96)	0.094** (2.216)
C1	-0.021 (-0.474)	-0.054 (-1.328)	-0.010 (-0.231)	-0.054 (-1.269)
C3	0.048 (1.190)	0.054 (1.497)	0.051 (1.253)	0.066 (1.638)
C4	0.103** (2.165)	0.098** (2.206)	0.115** (2..443)	0.104** (2.210)

续表

变量	模型 1	模型 2	模型 3	模型 4
C6	0.041 (0.803)	0.034 (0.738)	0.032 (0.631)	0.039 (0.936)
调整 R^2	0.558	0.527	0.545	0.552
F 值	32.072***	36.057***	32.665***	29.141***

注：***、**和*分别表示在1%、5%和10%显著性水平显著。

在模型 1 中，地方政府环境监管压力的替代变量 PITI 与公司环境信息披露水平没有显著相关关系（相关系数 -0.025，t 值 -0.533），与前述假设 1-1 不一致。与全样本回归结果相比，解释变量的回归结果是一致的，控制变量中地区、公司规模、发布独立报告的回归结果与全样本结论一致。不同的是，行业控制变量回归结果显示，在属于重污染行业的制造业六个子行业中，C0 与 C4 的公司环境信息披露水平相对更好。

在模型 2 中，公司所有权性质压力的替代变量 STATE 与企业环境信息披露水平显著正相关（相关系数 0.099，t 值 2.230，在 1% 水平显著），与前述假设 1-2 一致，说明在强制性披露的重污染行业中，国有控股公司的环境信息披露水平比非国有控股公司更高。与前面全样本回归结果不显著的结论对照，说明全样本确实掩盖了公司性质对企业环境信息披露的影响。

在模型 3 中，公司高管政治关联的替代变量政治背景董事比例 PC 与企业环境信息披露水平显著正相关（相关系数 0.073，t 值 1.940，在 10% 水平显著），但与前述假设 1-3 不一致。笔者预期高管政治关联与企业环境信息披露负相关，但重污染行业子样本回归结果显示两者呈正相关关系。姚圣（2011）认为当前我国政府环境监管处于“扶持之手”阶段，政府给予环境业绩好的公司政府补助、税收优惠等政府扶持政策。对于重污染行业样本公司，高管政治关联与环境信息披露正相关这一结论的可能解释是：当前重污染行业公司建立高管政治关联的目的是争取更多的政府优惠政策，在环境信息强制性披露要求下，这些公司通常会增加环境信息披露水平，显示其政治合法性。控制变量回归结果与重污染行业样本模型1一致。

模型4显示了三个政治合法性影响因素变量整体对重污染行业样本公司环境信息披露影响的回归结果，结果与模型1至模型3的结果基本一致：地方政府环境监管压力与企业环境信息披露无显著相关关系，公司所有权性质及高管政治关联与企业环境信息披露显著正相关。个别变量显著性略有变化，不再详述。

（3）非重污染行业子样本政治合法性影响因素回归结果分析

表6-8列示了自愿性披露的非重污染行业子样本政治合法性影响因素的回归结果。模型1至模型3分析了三个政治合法性影响因素分别单独对公司环境信息披露的影响。

表6-8　非重污染行业子样本政治合法性影响因素回归结果

变量	模型1	模型2	模型3	模型5
PITI	-0.021 (-0.347)			-0.019 (-0.318)
STATE		-0.157*** (-3.240)		-0.157*** (-3.230)
PC			-0.023 (-0.508)	-0.027 (-0.604)

续表

变量	模型 1	模型 2	模型 3	模型 5
EAST	0. 159 ** (2. 128)	0. 144 ** (2. 322)	0. 144 ** (2. 271)	0. 156 ** (2. 130)
MIDDLE	0. 105 * (1. 678)	0. 098 (1. 610)	0. 105 * (1. 691)	0. 099 (1. 614)
SIZE	0. 165 *** (3. 126)	0. 181 *** (3. 517)	0. 170 *** (3. 137)	0. 191 *** (3. 553)
LEV	-0. 029 (-0. 550)	-0. 027 (-0. 530)	-0. 026 (-0. 510)	-0. 026 (-0. 502)
ROA	0. 054 (1. 096)	0. 028 (0. 577)	0. 052 (1. 062)	0. 027 (0. 555)
DLBG	0. 652 *** (13. 289)	0. 655 *** (13. 714)	0. 648 *** (13. 224)	0. 654 *** (13. 560)
YEAR	0. 041 (0. 929)	0. 035 (0. 811)	0. 040 (0. 916)	0. 036 (0. 823)
C2	-0. 021 (-0. 362)	-0. 036 (-0. 636)	-0. 017 (-0. 295)	-0. 032 (-0. 565)
C5	-0. 169 (-1. 459)	-0. 166 (-1. 468)	-0. 171 (-1. 476)	-0. 163 (-1. 433)
C7	-0. 174 (-1. 480)	-0. 106 (-0. 913)	-0. 176 (-1. 505)	-0. 106 (-0. 908)
调整 R^2	0. 577	0. 597	0. 578	0. 594
F 值	29. 179 ***	31. 522 ***	29. 210 ***	26. 513 ***

注：***、**和*分别表示在1%、5%和10%显著性水平显著。

在模型 1 中，地方政府环境监管压力的替代变量 PITI 与企业环境信息披露水平没有显著相关关系（相关系数 -0. 021，t 值 -0. 347)，与前述假设 1 -1 不一致，与全样本回归结果一致。控制变量中地区、公司规模、发布独立报告的回归结果与全样本结论一致。

在模型2中，公司所有权性质压力的替代变量STATE与企业环境信息披露水平显著负相关（相关系数-0.157，t值-3.240，在1%水平显著），与前述假设1-2一致。这一结论与全样本回归结果不一致，与重污染行业子样本回归结果正好相反。进一步证明全样本确实掩盖了公司性质对环境信息披露的影响。在自愿性披露的非重污染行业，国有控股公司的环境信息披露水平更差。与前述强制性披露的重污染行业，国有控股公司的环境信息披露水平更好的结论形成鲜明对比。可能的解释是，国有控股公司环境信息披露的政治合法性动机非常强，在要求其强制性披露时国有控股公司披露水平更好，而在自愿性披露时披露水平反而比非国有控股公司更差。控制变量的回归结果与前述非重污染行业子样本模型1基本一致。

在模型3中，公司高管政治关联的替代变量政治关联董事人数占比PC与企业环境信息披露水平没有显著相关关系（相关系数-0.023，t值-0.508），与前述假设1-3不矛盾，回归结果与预期的负相关关系符号一致但并不显著，这与重污染行业样本中公司高管政治关联与环境信息披露显著正相关的结论明显不同。说明高管政治关联因素对于强制性披露与自愿性披露公司环境信息披露的影响是不同的，只有在强制性披露的重污染行业样本中高管政治关联是影响公司环境信息披露的因素之一。控制变量的回归结果与非重污染行业样本模型1一致。

模型4显示了三个政治合法性影响因素变量整体对非重污染样本公司环境信息披露影响的回归结果，结果与前述模型1至模型3的回归结果完全一致，三个解释变量中只有公司所有权性质与环境信息披露显著负相关，另外两个解释变量的回归结果不显著，控制变量的回归结果与模型1一致，不再详述。

（4）不同样本政治合法性影响因素回归结果对比分析

总体来看，政治合法性三个影响因素在三个样本的回归结果呈现出不同的特征。第一，地方政府环境监管压力的替代变量PITI与公司环境信息披露水平在三个样本中均没有显著相关关系，说明地方政府环境监管对公司环境信息披露没有发挥正向的引导作用。第二，公司所有权性质压力的替代变量STATE与企业环境信息披露的关系在三个样本中呈现出完全不同的特点，全样本中两者没有显著相关关系，重污染行业子样本中两者显著正相关，非重污染行业子样本中两者显著负相关。说明在强制性披露的重污染行业，国有控股公司环境信息披露水平比非国有控股公司更好；在自愿性披露的非重污染行业，国有控股公司环境信息披露水平比非国有控股公司更差。第三，公司高管政治关联的替代变量PC与企业环境信息披露水平在全样本和非重污染行业子样本中没有显著相关关系，但是在重污染行业子样本中两者呈显著正相关关系。说明只有在强制性披露的重污染行业样本中，政治关联程度高的公司环境信息披露更好。

总之，三个政治合法性动机方面的影响因素中有两个与重污染行业样本公司环境信息披露显著正相关，只有一个与非重污染行业样本公司环境信息披露相关并且为负相关，因此，可以认为，政治合法性动机方面的影响因素对强制性披露的重污染行业公司影响更大，暗示重污染行业公司环境信息披露具有较强的政治合法性动机。

2. 社会合法性动机方面的影响因素回归结果分析

(1) 全样本社会合法性影响因素回归结果分析

表6-9列示了全样本社会合法性影响因素的回归结果。模型1至模型5分析了五个社会合法性影响因素分别单独对企业环境信息披露的影响。

表6-9　　全样本社会合法性影响因素回归结果

变量	模型1	模型2	模型3	模型4	模型5	模型6
ISO 14001	0.250*** (8.745)					0.239*** (8.393)
BIG4		-0.076** (-2.487)				-0.071** (-2.431)
BDINDEX			-0.005 (-0.163)			-0.013 (-0.453)
GREENBRAND				0.065** (2.086)		0.061** (2.007)
EEDUR					-0.071** (-2.426)	-0.050* (-1.790)
EAST	0.063* (1.813)	0.117*** (3.188)	0.107*** (2.919)	0.102*** (2.790)	0.107*** (2.921)	0.069** (1.973)
MIDDLE	0.063* (1.888)	0.089** (2.528)	0.088** (2.464)	0.089** (2.507)	0.094*** (2.640)	0.072** (2.171)
SIZE	0.170*** (5.330)	0.219*** (6.029)	0.189*** (5.123)	0.160*** (4.411)	0.193*** (5.676)	0.186*** (4.950)
LEV	0.042 (1.317)	0.010 (0.296)	0.020 (0.605)	0.024 (0.720)	0.019 (0.582)	0.032 (1.008)
ROA	0.011 (0.379)	-0.003 (-0.112)	-0.002 (-0.064)	-0.012 (-0.375)	0.002 (0.053)	0.000 (0.014)

续表

变量	模型 1	模型 2	模型 3	模型 4	模型 5	模型 6
DLBG	0.511*** (16.916)	0.605*** (19.872)	0.598*** (19.619)	0.594*** (19.536)	0.598*** (19.739)	0.518*** (17.195)
YEAR	0.002 (0.072)	0.016 (0.591)	0.017 (0.599)	0.018 (0.653)	0.019 (0.710)	-0.003 (-0.105)
C0	0.018 (0.265)	0.098 (1.347)	0.087 (1.188)	0.073 (0.998)	0.099 (1.354)	0.027 (0.395)
C1	-0.077 (-1.088)	0.006 (0.078)	0.000 (-0.001)	-0.009 (-0.126)	0.007 (0.090)	-0.073 (-1.040)
C2	-0.030 (-0.904)	-0.007 (-0.201)	-0.008 (-0.232)	-0.009 (-0.263)	-0.004 (-0.102)	-0.027 (-0.810)
C3	0.021 (0.446)	0.051 (0.993)	0.048 (0.937)	0.045 (0.890)	0.052 (1.027)	0.024 (0.497)
C4	0.031 (0.344)	0.129 (1.371)	0.113 (1.198)	0.107 (1.131)	0.134 (1.415)	0.056 (0.625)
C5	-0.165** (-2.269)	-0.084 (-1.100)	-0.088 (-1.140)	-0.099 (-1.282)	-0.069 (-0.891)	-0.154** (-2.115)
C6	-0.002 (-0.017)	0.091 (0.915)	0.078 (0.786)	0.073 (0.741)	0.090 (0.910)	0.015 (0.158)
C7	-0.235 (-2.019)	-0.140 (-1.135)	-0.163 (-1.316)	-0.177 (-1.433)	-0.121 (-0.976)	-0.198* (-1.695)
C8	-0.058 (-0.637)	0.025 (0.265)	0.013 (0.138)	0.003 (0.034)	0.046 (0.479)	-0.032 (-0.354)
调整 R^2	0.632	0.586	0.581	0.584	0.585	0.638
F 值	58.630***	48.460***	47.569***	48.195***	48.417***	48.840***

注：***、** 和 * 分别表示在 1%、5% 和 10% 显著性水平显著。

在模型 1 中，社会中介机构监督压力的替代变量之一 ISO 14001 环境管理体系认证与企业环境信息披露水平显著正相关（相关系数

0.250，t值8.745，在1%水平显著），与前述假设2-1-1一致，说明通过ISO 14001环境管理体系认证的企业环境信息披露水平好于未通过认证的企业。控制变量回归结果显示：东部地区、中部地区公司环境信息披露水平显著好于西部地区公司；大规模公司环境信息披露水平显著更好；发布独立报告的公司环境信息披露水平显著更好。这些结论与本书第五章环境信息披露指数描述性统计结论一致。不同的是，行业控制变量回归结果显示，C5电子器件制造业的环境信息披露水平显著低于其他行业。

在模型2中，社会中介机构监督压力的另一个替代变量聘请国际四大会计师事务所审计BIG4与企业环境信息披露水平显著负相关（相关系数-0.076，t值-2.487，在5%水平显著），与前述假设2-1-2一致。实证结果显示，国际四大审计的公司环境信息披露水平更差，说明国际四大审计的重点是财务信息，高质量的财务信息审计不能保证高质量的环境信息披露，聘请四大审计的公司反而更加不重视环境信息的披露。控制变量的回归结果与模型1基本一致，行业控制变量C5的回归系数不再显著。

在模型3中，媒体公众舆论监督压力的替代变量百度指数BDINDEX与企业环境信息披露水平无显著相关关系（相关系数-0.005，t值-0.163），与前述假设2-2不一致。笔者预期百度指数代表的舆论监督压力越大，企业环境信息披露水平越高。但是，实证回归结果显示两者相关系数为负但不显著，说明媒体公众对于企业环境信息披露的舆论监督作用并没有发挥。控制变量的回归结果与模型1基本一致，行业控制变量C5的回归系数不再显著。

在模型4中，消费者监督压力的替代变量绿色品牌百强GREENBRAND与企业环境信息披露水平显著正相关（相关系数

0.065，t值2.086，在5%水平显著），与前述假设2-3一致，说明绿色品牌百强公司的环境信息披露水平比非绿色品牌百强公司更好，消费者对企业环境信息披露发挥了监督作用。控制变量的回归结果与模型1的结果基本一致，行业控制变量C5的回归系数不再显著。

在模型5中，员工监督压力的替代变量大专以上学历员工占比EEDUR与企业环境信息披露水平呈显著负相关关系（相关系数-0.071，t值-2.426，在5%水平显著），与前述假设2-4不一致。笔者预期高学历员工具有更强的环保意识，会对企业环境管理和环境信息披露产生一定的压力，但实证结果并没有支持这一预测，大专以上学历员工所占比例高的公司披露的环境信息反而更少。可能的解释是：员工环保意识还不强，或者虽然员工具有环保意识但是尚不具备有效的机制保障员工对企业环境信息披露监督作用的发挥。控制变量的回归结果与模型1的结果基本一致，行业控制变量C5的回归系数不再显著。

模型6显示了五个社会合法性影响因素变量整体对全样本公司环境信息披露影响的回归结果，结果与前述模型1至模型5的回归结果基本一致。五个解释变量中，ISO 14001和GREENBRAND与公司环境信息披露显著正相关，BIG4和EEDUR与公司环境信息披露显著负相关，BDINDEX的回归结果均不显著；控制变量的回归结果与模型1一致，不再详述。

（2）重污染行业子样本社会合法性影响因素回归结果分析

表6-10列示了强制性披露的重污染行业样本社会合法性影响因素的回归结果。模型1至模型5分析了五个社会合法性影响因素分别单独对企业环境信息披露的影响。

表 6－10　重污染行业子样本社会合法性影响因素回归结果

变量	模型 1	模型 2	模型 3	模型 4	模型 5	模型 6
ISO 14001	0.293*** (7.638)					0.278*** (7.171)
BIG4		-0.092** (-2.213)				-0.107** (-2.595)
BDINDEX			-0.014 (-0.322)			-0.026 (-0.666)
GREENBRAND				0.093** (2.300)		0.092** (2.309)
EEDUR					-0.060 (-1.517)	-0.038 (-1.008)
EAST	0.034 (0.756)	0.110** (2.266)	0.098** (2.004)	0.082* (1.679)	0.097** (1.989)	0.034 (0.757)
MIDDLE	0.054 (1.253)	0.087* (1.885)	0.082* (1.773)	0.083* (1.810)	0.086* (1.870)	0.067 (1.566)
SIZE	0.171** (3.835)	0.252*** (4.922)	0.216*** (4.283)	0.181*** (3.670)	0.211*** (4.480)	0.210*** (4.121)
LEV	0.076* (1.725)	0.025 (0.517)	0.034 (0.740)	0.046 (0.986)	0.033 (0.710)	0.069* (1.711)
ROA	-0.017 (-0.667)	-0.028 (-0.667)	-0.026 (-0.606)	-0.040 (-0.937)	-0.020 (0.454)	-0.030 (0.751)
DLBG	0.494*** (12.345)	0.607*** (14.615)	0.588*** (14.957)	0.603*** (14.852)	0.591*** (14.897)	0.613*** (15.050)
YEAR	-0.011 (-0.319)	0.007 (0.189)	0.005 (0.128)	0.008 (0.205)	0.010 (0.267)	-0.003 (-0.067)
C0	0.067 (1.696)	0.096** (2.254)	0.093** (2.156)	0.079* (1.832)	0.078* (1.786)	0.055 (1.476)
C1	-0.050 (-1.224)	-0.021 (-0.474)	-0.008 (-0.185)	-0.013 (-0.300)	-0.029 (-0.639)	-0.036 (-0.798)

续表

变量	模型 1	模型 2	模型 3	模型 4	模型 5	模型 6
C3	0. 054 (1. 459)	0. 038 (0. 957)	0. 050 (1. 232)	0. 054 (1. 336)	0. 041 (0. 948)	0. 038 (0. 931)
C4	0. 089 ** (2. 057)	0. 112 ** (2. 397)	0. 106 ** (2. 255)	0. 110 ** (2. 359)	0. 094 ** (1. 977)	0. 095 ** (2. 174)
C6	0. 045 (0. 964)	00. 048 (0. 942)	0. 028 (0. 595)	0. 037 (0. 737)	0. 010 (0. 183)	0. 021 (0. 351)
调整 R^2	0. 609	0. 548	0. 498	0. 548	0. 554	0. 617
F 值	42. 671 ***	35. 611 ***	32. 041 ***	32. 942 ***	32. 447 ***	31. 735 ***

注：***、**和*分别表示在1%、5%和10%显著性水平显著。

在模型 1 中，社会中介机构监督压力的替代变量之一 ISO 14001 环境管理体系认证与企业环境信息披露显著正相关（相关系数 0. 293，t 值 7. 638，在 1% 水平显著），与前述假设 2 - 1 - 1 一致，也与全样本回归结果一致。控制变量回归结果与全样本略有不同，地区变量对企业环境信息披露的影响不再显著；规模和独立报告变量仍然与企业环境信息披露显著正相关；不同的是：控制变量中的财务杠杆与企业环境信息披露在 10% 水平显著正相关，说明负债程度高的公司环境信息披露水平更好；行业虚拟变量 C4 的回归系数显著为正，说明石油、化学、塑胶、塑料业环境信息披露水平好于其他行业。

在模型 2 中，社会中介机构监督压力的另一个替代变量聘请国际四大会计师事务所审计 BIG4 与企业环境信息披露显著负相关（相关系数 -0. 092，t 值 -2. 213，在 5% 水平显著），与前述假设 2 - 1 - 2 一致，与全样本回归结果一致，说明聘请国际四大会计师事务所审计的企业环境信息披露水平反而更差。控制变量的回归结果与模型 1 基本一致，有两点不同：一是地区虚拟变量与企业环境信息披露显著正相关，东部地区、中部地区公司的环境信息披露水平均好于西部公司；二是行业控制变量中除 C4 之外，C0 公司的环境信息披露水平也好于其他重污染行业。

在模型 3 中，媒体公众舆论监督压力的替代变量百度指数 BDINDEX 与企业环境信息披露水平无显著相关关系（相关系数 -0.014，t 值 -0.322），与前述假设 2-2 不一致，与全样本回归结果一致，说明媒体公众对企业环境信息披露的舆论监督作用尚未有效发挥。控制变量的回归结果与上述模型 2 基本一致。

在模型 4 中，消费者监督压力的替代变量绿色品牌百强 GREENBRAND 与企业环境信息披露水平显著正相关（相关系数 0.093，t 值 2.300，在 5% 水平显著），与前述假设 2-3 一致，与全样本回归结果一致，说明消费者对企业环境信息披露发挥了监督作用。控制变量的回归结果与模型 2 的结果基本一致。

在模型 5 中，员工监督压力的替代变量大专以上学历员工比例 EEDUR 与企业环境信息披露水平无显著相关关系（相关系数 -0.060，t 值 -1.517），与前述假设 2-4 不一致，与全样本显著负相关的回归结果相比不显著，说明员工对公司环境信息披露没有发挥应有的监督作用。控制变量的回归结果与模型 2 的结果基本一致。

模型 6 显示了五个社会合法性影响因素变量整体对重污染行业样本公司环境信息披露影响的回归结果，结果与前述模型 1 至模型 5 的回归结果基本一致。五个解释变量中，ISO 14001 和 GREENBRAND 与企业环境信息披露显著正相关，BIG4 与企业环境信息披露显著负相关，BDINDEX 和 EEDUR 的回归结果不显著；控制变量的回归结果与模型1一致，不再详述。

（3）非重污染行业子样本社会合法性影响因素回归结果分析

表6－11列示了自愿性披露的非重污染行业子样本社会合法性影响因素的回归结果。模型1至模型5分析了五个社会合法性影响因素分别单独对企业环境信息披露的影响。

表6－11 非重污染行业子样本社会合法性影响因素回归结果

变量	模型1	模型2	模型3	模型4	模型5	模型6
ISO14001	0.027*** (4.507)					0.205*** (4.428)
BIG4		-0.059 (-1.217)				-0.030 (-0.614)
BDINDEX			0.030 (0.567)			0.034 (0.651)
GREENBRAND				0.047 (0.869)		0.039 (0.759)
EEDUR					-0.068 (-1.472)	-0.053 (-1.178)
EAST	0.122** (2.000)	0.149** (2.353)	0.145** (2.273)	0.151** (2.363)	0.147** (2.314)	0.130** (2.108)
MIDDLE	0.081 (1.360)	0.101 (1.625)	0.102 (1.636)	0.110* (1.757)	0.114* (1.830)	0.088 (1.458)
SIZE	0.169*** (3.358)	0.186*** (3.345)	0.148** (2.524)	0.139** (2.362)	0.175*** (3.307)	0.152** (2.294)
LEV	-0.024 (-0.483)	-0.033 (-0.633)	-0.026 (-0.502)	-0.030 (-0.577)	-0.024 (-0.458)	-0.023 (-0.450)
ROA	0.071 (1.520)	0.052 (1.064)	0.058 (1.170)	0.045 (0.897)	0.049 (1.017)	0.066 (1.353)
DLBG	0.574*** (11.534)	0.652*** (13.370)	0.648*** (13.197)	0.647*** (13.228)	0.657*** (13.445)	0.575*** (11.361)

续表

变量	模型 1	模型 2	模型 3	模型 4	模型 5	模型 6
YEAR	0. 031 (0. 729)	0. 039 (0. 875)	0. 049 (1. 045)	0. 040 (0. 900)	0. 040 (0. 903)	0. 038 (0. 853)
C2	-0. 051 (-0. 927)	-0. 020 (-0. 355)	-0. 019 (-0. 333)	-0. 022 (-0. 385)	-0. 012 (-0. 202)	-0. 044 (-0. 786)
C5	-0. 272 ** (-2. 408)	-0. 168 (-1. 457)	-0. 175 (-1. 511)	-0. 185 (-1. 587)	-0. 140 (-1. 193)	-0. 260 ** (-2. 226)
C7	-0. 233 ** (-2. 063)	-0. 161 (-1. 370)	-0. 172 (-1. 464)	-0. 185 (-1. 575)	-0. 136 (-1. 140)	-0. 199 * (-1. 700)
调整 R^2	0. 613	0. 580	0. 578	0. 578	0. 581	0. 613
F 值	33. 740 ***	29. 486 ***	29. 224 ***	29. 322 ***	29. 641 ***	24. 925 ***

注：***、**和*分别表示在1%、5%和10%显著性水平显著。

在模型 1 中，社会中介机构监督压力的替代变量之一 ISO 14001 环境管理体系认证与企业环境信息披露显著正相关（相关系数 0. 027，t 值 4. 507，在 1% 水平显著），与前述假设 2-1-1 一致，也与全样本和重污染子样本回归结果一致，说明通过环境管理体系认证的企业环境信息披露水平显著更好，这一结论不仅适用于强制性披露的重污染行业公司，而且适用于自愿性披露的非重污染行业公司。控制变量回归结果与全样本基本一致，有两处不同：一是中部地区公司环境信息披露水平不再显著好于西部公司；二是行业虚拟变量 C5 和 C7 的系数显著为负，说明电子业和机械、设备、仪表业的环境信息披露水平比其他非重污染行业更差。

在模型 2 中，社会中介机构监督压力的另一个替代变量聘请国际四大会计师事务所审计 BIG4 与企业环境信息披露无显著相关关系（相关系数 -0. 059，t 值为 -1. 217），与前述假设 2-1-2 不一致，与全样本和重污染行业子样本显著负相关的回归结果相比不显著。这一结果说明：在强制性披露的重污染行业公司中，聘请四大会计师事务所审计的企业环境信息披露水平更差；但是，在自愿性披露的非重污染行业公司中，是否聘请四大会计师事务所审计对企业环境信息披露水平没有显著影响。控制变量的回归结果与模型 1 基本一致，行业虚拟变量 C5 和 C7 的回归系数不再显著。

在模型 3 中，媒体公众舆论监督压力的替代变量百度指数 BDINDEX 与企业环境信息披露水平无显著相关关系（相关系数 0.030，t 值 0.567），与前述假设 2－2 不一致，与全样本及重污染行业子样本结果一样不显著但符号相反，说明媒体公众对企业环境信息披露的舆论监督作用尚未有效发挥。控制变量的回归结果与模型 2 基本一致。

在模型 4 中，消费者监督压力的替代变量绿色品牌百强 GREENBRAND 与企业环境信息披露无显著相关关系（相关系数 0.047，t 值 0.869），与前述假设 2－3 不一致，与全样本及重污染行业子样本显著正相关的回归结果相比不显著但符号相同，说明消费者对自愿性披露的非重污染行业公司的环境信息披露没有发挥有效的监督作用。控制变量的回归结果与模型 2 基本一致。

在模型 5 中，员工监督压力的替代变量大专以上学历员工比例 EEDUR 与企业环境信息披露水平无显著相关关系（相关系数 －0.068，t 值 －1.472），与前述假设 2－4 不一致，与全样本显著负相关的回归结果相比不显著，与重污染行业子样本回归结果一致，说明员工对企业环境信息披露没有发挥应有的监督作用。控制变量的回归结果与模型 2 的结果基本一致。

模型 6 显示了五个社会合法性影响因素变量整体对非重污染行业子样本公司环境信息披露影响的回归结果，结果与前述模型 1 至模型5的回归结果一致。五个解释变量中，只有ISO 14001与企业环境信息披露显著正相关，其余四个变量BIG4、BDINDEX、GREENBRAND及EEDUR的回归结果均不显著；控制变量的回归结果与模型1一致，不再详述。

（4）不同样本社会合法性影响因素回归结果对比分析

总体来看，社会合法性五个影响因素在三个样本的回归结果呈现出不同的特征。第一，在三个样本中，ISO 14001与企业环境信息披露水平均显著正相关，说明通过环境管理体系认证确实能够提高企业的环境信息披露水平，结论非常稳定。第二，在全样本和重污染行业子样本中，BIG4与企业环境信息披露水平显著负相关，但是在非重污染行业子样本中两者相关关系不显著。第三，在全样本和重污染行业子样本中，GREENBRAND与企业环境信息披露水平显著正相关，但是在非重污染行业子样本中两者相关关系不显著。第四，在三个样本中，BDINDEX与企业环境信息披露水平均不存在显著相关关系。第五，在全样本中，EEDUR与企业环境信息披露水平显著负相关，但是在重污染行业子样本和非重污染行业子样本中两者关系均不显著。

总之，五个社会合法性动机方面的影响因素中有三个与重污染行业样本公司环境信息披露水平显著相关，只有一个与非重污染行业样本公司环境信息披露水平显著相关，因此，可以认为，社会合法性影响因素对强制性披露的重污染行业公司影响更大，暗示重污染行业公司环境信息披露具有较强的社会合法性动机。

3. 经济合法性动机方面的影响因素回归结果分析

（1）全样本经济合法性影响因素回归结果分析

表6－12列示了全样本经济合法性影响因素的回归结果。模型

1 至模型 5 分析了五个经济合法性影响因素分别单独对企业环境信息披露的影响。

表 6－12　　全样本经济合法性影响因素回归结果

变量	模型 1	模型 2	模型 3	模型 4	模型 5	模型 6
FINANCE	－0. 010 (－0. 362)					－0. 014 (－0. 499)
LOAN		0. 056 * (1. 683)				0. 058 * (1. 721)
TOP1			－0. 028 (－0. 930)			－0. 022 (－0. 728)
IDR				－0. 040 (－1. 436)		－0. 035 (－1. 272)
JSHH					0. 062 ** (2. 211)	0. 057 ** (2. 019)
EAST	0. 107 *** (2. 922)	0. 109 *** (2. 969)	0. 109 *** (2. 972)	0. 105 *** (2. 856)	0. 113 *** (3. 089)	0. 114 *** (3. 091)
MIDDLE	0. 088 ** (2. 463)	0. 088 ** (2. 470)	0. 085 ** (2. 400)	0. 083 ** (2. 331)	0. 093 *** (2. 614)	0. 087 ** (2. 448)
SIZE	0. 188 *** (5. 468)	0. 196 *** (5. 690)	0. 194 *** (5. 538)	0. 190 *** (5. 569)	0. 180 *** (5. 283)	0. 202 *** (5. 559)
LEV	0. 021 (0. 614)	－0. 001 (－0. 036)	0. 020 (0. 586)	0. 021 (0. 640)	0. 015 (0. 457)	－0. 007 (－0. 203)
ROA	－0. 001 (－0. 033)	0. 009 (0. 286)	－0. 002 (－0. 059)	－0. 003 (－0. 101)	－0. 004 (－0. 141)	0. 006 (0. 192)
DLBG	0. 597 *** (19. 610)	0. 598 *** (19. 673)	0. 599 *** (19. 655)	0. 599 *** (19. 695)	0. 590 *** (19. 320)	0. 593 *** (19. 397)
YEAR	0. 018 (0. 640)	0. 020 (0. 736)	0. 018 (0. 659)	0. 018 (0. 654)	0. 018 (0. 671)	0. 018 (0. 671)
C0	0. 087 (1. 190)	0. 092 (1. 254)	0. 092 (1. 261)	0. 093 (1. 272)	0. 085 (1. 163)	0. 100 (1. 367)

续表

变量	模型 1	模型 2	模型 3	模型 4	模型 5	模型 6
C1	-0.001 (-0.016)	0.009 (0.123)	0.006 (0.075)	0.007 (0.091)	-0.005 (-0.071)	0.013 (0.176)
C2	-0.008 (-0.214)	-0.013 (-0.355)	-0.007 (-0.209)	-0.008 (-0.230)	-0.010 (-0.296)	-0.014 (-0.389)
C3	0.049 (0.952)	0.045 (0.888)	0.050 (0.975)	0.050 (0.982)	0.046 (0.893)	0.046 (0.903)
C4	0.114 (1.203)	0.120 (1.276)	0.120 (1.266)	0.119 (1.258)	0.102 (1.085)	0.121 (1.274)
C5	-0.088 (-1.142)	-0.084 (-1.088)	-0.085 (-1.105)	-0.078 (-1.004)	-0.093 (-1.212)	-0.076 (-0.986)
C6	0.079 (0.794)	0.079 (0.799)	0.092 (0.916)	0.085 (0.855)	0.067 (0.677)	0.085 (0.849)
C7	-0.164 (-1.322)	-0.139 (-1.119)	-0.149 (-1.202)	-0.151 - (1.219)	-0.174 (-1.409)	-0.131 (-1.046)
C8	0.014 (0.143)	0.023 (0.238)	0.023 (0.240)	0.023 (0.235)	0.006 (0.064)	0.032 (0.327)
调整 R^2	0.581	0.583	0.582	0.583	0.585	0.586
F 值	47.585***	47.975**	47.691***	47.864***	48.273***	39.417***

注：***、**和*分别表示在1%、5%和10%显著性水平显著。

在模型 1 中，公司外部融资需求的替代变量 FINANCE 与企业环境信息披露水平无显著相关关系（相关系数 -0.010，t 值 -0.362），与前述假设 3-1 不一致。笔者预期有外部融资需求的公司会披露更多的环境信息，但实证结果不显著，说明融资需求不是企业环境信息披露的重要影响因素。控制变量回归结果与前述政治合法性及社会合法性影响因素回归结论基本一致，地区、公司规模、发布独立报告是影响企业环境信息披露的重要因素。

在模型2中，公司债权人压力的替代变量LOAN与企业环境信息披露水平呈显著正相关关系（相关系数0.056，t值1.683，在10%水平显著），与前述假设3-2一致，说明银行作为债权人对企业环境信息披露发挥了促进作用，可能的解释是我国绿色信贷相关政策的实施导致银行关注企业的环境风险，对企业环境信息披露起到了促进作用。控制变量的回归结果与模型1一致。

在模型3中，以股权集中度作为公司治理结构的第一个替代变量，发现第一大股东持股比例TOP1与企业环境信息披露没有显著相关关系（相关系数-0.028，t值-0.930），与前述假设3-3-1不一致，说明股权集中度对企业环境信息披露的影响不大，但也可能是由于全样本掩盖了这一影响因素的作用，本书将区分强制性披露子样本和自愿性披露子样本进行进一步研究。控制变量的回归结果与模型1的结果一致，不再详述。

在模型4中，以独立董事占董事会人数比例作为公司治理结构的第二个替代变量，发现IDR与企业环境信息披露没有显著相关关系（相关系数-0.040，t值-1.436），与前述假设3-3-2不一致，说明独立董事比例对企业环境信息披露的影响不大，但也可能是由于全样本掩盖了这一影响因素的作用，本书将区分强制性披露子样本和自愿性披露子样本进行进一步研究。控制变量的回归结果与模型1的结果一致，不再详述。

在模型5中，以监事会规模作为公司治理结构的第三个替代变量，发现监事人数JSHH与企业环境信息披露水平呈显著的正相关关系（相关系数0.062，t值2.211，在5%水平显著），与前述假设3-3-3一致，说明监事会人数越多的公司环境信息披露水平越好，监事会发挥了对企业环境信息披露的促进作用。控制变量的回归结果与模型 1 的结果基本一致，不再详述。

模型 6 显示了五个经济合法性影响因素变量整体对全样本公司环境信息披露影响的回归结果，结果与前述模型 1 至模型 5 的回归结果一致。五个解释变量中，LOAN 和 JSHH 与企业环境信息披露显著正相关，其余三个变量 FINANCE、TOP1、IDR 的回归结果均不显著；控制变量的回归结果与模型 1 一致，不再详述。

（2）重污染行业子样本经济合法性影响因素回归结果分析

表 6－13 列示了重污染行业子样本经济合法性影响因素的回归结果。模型 1 至模型 5 分析了五个经济合法性影响因素分别单独对企业环境信息披露的影响。

表 6－13　重污染行业子样本经济合法性影响因素回归结果

变量	模型 1	模型 2	模型 3	模型 4	模型 5	模型 6
FINANCE	-0.010 (-0.249)					-0.012 (-0.290)
LOAN		0.028 (0.511)				0.032 (0.697)
TOP1			0.011 (0.262)			0.017 (0.413)
IDR				0.006 (0.169)		0.005 (0.145)
JSHH					0.078** (2.045)	0.081** (2.085)
EAST	0.099** (2.218)	0.098** (2.078)	0.099** (2.081)	0.098** (2.122)	0.107** (2.273)	0.108** (2.207)
MIDDLE	0.083* (1.808)	0.102* (1.887)	0.081* (1.772)	0.081* (1.941)	0.087* (1.940)	0.090* (1.926)

续表

变量	模型 1	模型 2	模型 3	模型 4	模型 5	模型 6
SIZE	0. 208 *** (4. 298)	0. 215 *** (4. 443)	0. 210 *** (4. 272)	0. 203 *** (4. 331)	0. 211 *** (4. 440)	0. 212 *** (4. 089)
LEV	0. 035 (0. 750)	0. 037 (0. 738)	0. 036 (0. 764)	0. 036 (0. 766)	0. 025 (0. 545)	0. 007 (0. 131)
ROA	-0. 025 (-0. 568)	-0. 021 (-0. 484)	-0. 025 (-0. 586)	-0. 026 (-0. 595)	-0. 032 (-0. 736)	-0. 042 (-0. 054)
DLBG	0. 611 *** (14. 961)	0. 593 *** (14. 71)	0. 594 *** (14. 325)	0. 611 *** (14. 966)	0. 601 *** (14. 695)	0. 590 *** (14. 352)
YEAR	0. 078 (0. 215)	0. 009 (0. 248)	0. 073 (0. 224)	0. 008 (0. 220)	0. 069 (0. 202)	0. 009 (0. 239)
C0	0. 092 ** (1. 823)	0. 092 ** (2. 145)	0. 092 ** (2. 207)	0. 094 ** (2. 127)	0. 099 ** (2. 339)	0. 097 ** (2. 256)
C1	-0. 092 (-0. 211)	0. 038 (0. 093)	-0. 008 (-0. 190)	-0. 009 (-0. 203)	-0. 007 (-0. 172)	0. 009 (0. 208)
C3	0. 050 (1. 241)	0. 044 (1. 108)	0. 051 (1. 253)	0. 048 (1. 225)	0. 058 (1. 283)	0. 042 (1. 011)
C4	0. 106 ** (2. 356)	0. 105 ** (2. 218)	0. 107 ** (2. 254)	0. 103 ** (2. 171)	0. 094 ** (2. 042)	0. 101 ** (2. 203)
C6	0. 030 (0. 588)	0. 029 (0. 568)	0. 028 (0. 565)	0. 035 (0. 587)	0. 026 (0. 420)	0. 026 (0. 420)
调整 R^2	0. 540	0. 541	0. 540	0. 540	0. 546	0. 542
F 值	32. 033 ***	32. 084 ***	32. 034 ***	32. 027 ***	32. 750 ***	24. 841 ***

注：***、**和*分别表示在1%、5%和10%显著性水平显著。

在模型 1 中，公司外部融资需求的替代变量 FINANCE 与企业环境信息披露无显著相关关系（相关系数 -0. 010，t 值 -0. 249），与前述假设 3 -1 不一致，与全样本回归结果一致。控制变量回归结果与全样本回归结果基本一致，地区、公司规模、发布独立报告是影响企业环境信息披露的重要因素。不同的是，行业控制变量 C0 和 C4 的回归系数显著为正，说明食品、饮料业与石油、化学、塑胶、塑料业公司的环境信息披露水平相对比其他重污染行业披露水平更好。

在模型 2 中，企业债权人压力的替代变量 LOAN 与企业环境信息披露无显著相关关系（相关系数 0.028，t 值 0.511），与前述假设 3－2 不一致。说明银行作为债权人对重污染行业公司环境信息披露没有起到促进作用，这可能是由于重污染行业作为环境信息强制性披露的对象，受到的政府监管和社会监督压力比较大，来自债权人的压力相对较小。控制变量的回归结果与模型 1 一致。

在模型 3 中，以股权集中度作为公司治理结构的第一个替代变量，发现第一大股东持股比例 TOP1 与企业环境信息披露没有显著相关关系（相关系数 0.011，t 值 0.262），与前述假设 3－3－1 不一致，与全样本回归系数符号相反但均不显著。说明对于强制性披露环境信息的重污染行业公司，股权集中度并未发挥对企业环境信息披露的促进作用。控制变量的回归结果与模型 1 的结果一致，不再详述。

在模型 4 中，以独立董事占董事会人数比例作为公司治理结构的第二个替代变量，发现 IDR 与企业环境信息披露没有显著相关关系（相关系数 0.006，t 值 0.169），与前述假设 3－3－2 不一致，与全样本回归系数符号相反但均不显著。说明对于强制性披露环境信息的重污染行业公司，独立董事并未发挥对企业环境信息披露的促进作用。控制变量的回归结果与模型 1 的结果一致，不再详述。

在模型 5 中，以监事会规模作为公司治理结构的第三个替代变量，发现监事人数 JSHH 与企业环境信息披露水平呈显著的正相关关系（相关系数0.078，t值2.045，在5%水平显著），与前述假设3-3-3一致，与全样本回归结果一致。说明对于强制性披露环境信息的重污染行业公司，监事会发挥了对企业环境信息披露的促进作用。控制变量的回归结果与模型1的结果基本一致，不再详述。

模型6显示了五个经济合法性影响因素变量整体对重污染行业样本公司环境信息披露影响的回归结果，结果与前述模型1至模型5的回归结果一致，五个解释变量中，只有JSHH与企业环境信息披露水平显著正相关，其余四个变量FINANCE、LOAN、TOP1和IDR的回归结果均不显著，控制变量的回归结果与模型1一致，不再详述。

（3）非重污染行业子样本经济合法性影响因素回归结果分析

表6-14列示了非重污染行业子样本经济合法性影响因素的回归结果。模型1至模型5分析了五个经济合法性影响因素分别单独对企业环境信息披露的影响。

表6-14　非重污染行业子样本经济合法性影响因素回归结果

变量	模型1	模型2	模型4	模型5	模型6	模型7
FINANCE	-0.004 (-0.098)					-0.035 (-0.772)
LOAN		0.101** (2.010)				0.114** (2.273)
TOP1			-0.129** (-2.630)			-0.131*** (-2.684)
IDR				-0.107** (-2.351)		-0.112** (-2.474)
JSHH					0.051 (1.140)	0.024 (0.538)

续表

变量	模型 1	模型 2	模型 4	模型 5	模型 6	模型 7
EAST	0.144** (2.253)	0.146** (2.321)	0.172*** (2.704)	0.120* (1.878)	0.149** (2.345)	0.143** (2.234)
MIDDLE	0.105* (1.681)	0.103* (1.664)	0.105* (1.870)	0.075 (1.195)	0.110* (1.771)	0.075 (1.204)
SIZE	0.163*** (3.108)	0.177*** (3.374)	0.201*** (3.742)	0.169*** (3.263)	0.152*** (2.863)	0.220*** (4.026)
LEV	-0.028 (-0.530)	-0.054 (-1.012)	-0.040 (-0.788)	-0.009 (-0.168)	-0.029 (-0.567)	-0.047 (-0.896)
ROA	0.053 (1.084)	0.077 (1.554)	0.059 (1.225)	0.044 (0.913)	0.053 (1.099)	0.077 (1.571)
DLBG	0.651*** (13.289)	0.657*** (13.526)	0.656*** (13.621)	0.654*** (13.537)	0.647*** (13.231)	0.667*** (13.961)
YEAR	0.040 (0.896)	0.046 (1.043)	0.039 (0.908)	0.036 (0.815)	0.041 (0.935)	0.037 (0.851)
C2	-0.020 (-0.349)	-0.031 (-0.546)	-0.015 (-0.260)	-0.021 (-0.371)	-0.022 (-0.394)	-0.025 (-0.452)
C5	-0.172 (-1.481)	-0.153 (-1.329)	-0.153 (-1.337)	-0.126 (-1.088)	-0.177 (-1.530)	-0.085 (-0.737)
C7	-0.176 (-1.498)	-0.130 (-1.097)	-0.115 (-0.977)	-0.148 (-1.275)	-0.183 (-1.565)	-0.043 (-0.365)
调整 R^2	0.577	0.585	0.590	0.588	0.580	0.604
F 值	29.154***	30.064***	30.714***	30.399***	29.445***	24.103***

注：***、**和*分别表示在1%、5%和10%显著性水平显著。

在模型1中，公司外部融资需求的替代变量FINANCE与企业环境信息披露水平无显著相关关系（相关系数-0.004，t值-0.098），与前述假设3-1不一致，与全样本及重污染行业子样本回归结果一致，说明外部融资需求对企业环境信息披露水平影响不大，样本公司因外部融资需求而披露环境信息的动机不明显。控制变量回归结果与全样本回归结果基本一致，不再详述。

在模型 2 中，企业债权人压力的替代变量银行借款占负债比例 LOAN 与企业环境信息披露水平显著正相关（相关系数 0.101，t 值 2.010，在 5% 水平显著），与前述假设 3 - 2 一致，与全样本回归结果一致，与重污染行业样本不相关的回归结果不一致。可能的解释是：与重污染行业强制性披露不同，非重污染行业样本公司环境信息披露属于自愿性披露，他们受到的政府环境监管和社会监督压力比较小，因此非重污染行业公司环境信息披露的经济性动机更强，如满足绿色信贷政策下银行环保核查对环境信息的需要等。控制变量的回归结果与模型 1 一致。

在模型 3 中，以股权集中度作为公司治理结构的第一个替代变量，发现第一大股东持股比例 TOP1 与企业环境信息披露显著负相关（相关系数 -0.129，t 值 -2.630，在 5% 水平显著），与前述假设 3 - 3 - 1 一致，与全样本及重污染行业子样本均不显著的回归结论存在明显差异，说明对于自愿性披露环境信息的非重污染行业公司，股权集中度高的公司环境信息披露水平更差。控制变量的回归结果与模型 1 的结果一致，不再详述。

在模型 4 中，以独立董事占董事会人数比例作为公司治理结构的第二个替代变量，发现 IDR 与企业环境信息披露显著负关系（相关系数 -0.107，t 值 -2.351，在 5% 水平显著），与前述假设 3 - 3 - 2 不一致，与全样本及重污染行业子样本均不显著的结论存在明显差异。笔者预期独立董事比例与企业环境信息披露显著正相关，但实证结果显示两者显著负相关，说明对于自愿性披露环境信息的非重污染行业公司，独立董事并未充分发挥外部监督的职能，独立董事比例高的公司环境信息披露反而较差。控制变量的回归结果与模型 1 的结果一致，不再详述。

在模型 5 中，以监事会规模作为公司治理结构的第三个替代变量，发现监事人数 JSHH 与企业环境信息披露水平无显著的相关关系（相关系数 0.051，t 值 1.140），与前述假设 3－3－3 不一致，与全样本及重污染行业样本显著正相关的回归结果不一致。说明对于自愿性披露环境信息的非重污染行业公司，监事会并未发挥对于企业环境信息披露的促进作用。控制变量的回归结果与模型 1 的结果基本一致，不再详述。

模型 6 显示了五个经济合法性影响因素变量整体对非重污染行业子样本公司环境信息披露影响的回归结果，结果与前述模型 1 至模型 5 的回归结果一致，五个解释变量中，有三个变量与企业环境信息披露水平显著相关，其中 LOAN 与企业环境信息披露显著正相关，TOP1 和 IDR 与企业环境信息披露显著负相关，另外两个变量 FINANCE 和 JSHH 与企业环境信息披露无显著相关关系。

（4）不同样本经济合法性影响因素回归结果对比分析

总体来看，经济合法性五个影响因素在三个样本的回归结果呈现出不同的特征。第一，在三个样本中，FINANCE 与企业环境信息披露水平均无显著相关关系，说明融资需求不是企业环境信息披露的主要影响因素。第二，在全样本和非重污染行业子样本中，LOAN 与企业环境信息披露水平显著正相关，但是在重污染行业样本中两者相关关系不显著。第三，在非重污染行业样本中，TOP1 和 IDR 与企业环境信息披露水平显著负相关，但是在全样本和重污染行业子样本中两者相关关系不显著。第四，在全样本和重污染行业子样本中，JSHH 与企业环境信息披露水平显著正相关，但是在非重污染行业子样本中两者相关关系不显著。

总之，五个经济合法性动机方面的影响因素中有三个与非重污染行业子样本公司环境信息披露水平显著相关，只有一个与重污染行业子样本公司环境信息披露水平显著相关，因此，可以认为，经济合法性影响因素对自愿性披露环境信息的非重污染行业公司影响更大，暗示非重污染行业公司环境信息披露具有较强的经济合法性动机。

第三节　实证结果总结与解释

一　实证结果总结

本节根据第五章确定的环境信息披露指数 EIDI，对于从本书构建的企业环境信息披露的合法性动机的三方面即政治合法性动机、社会合法性动机、经济合法性动机提出的十个研究假设进行了实证检验，并分别针对全样本、重污染行业子样本、非重污染行业子样本进行 OLS 线性回归分析，以考察不同类型公司环境信息披露影响因素的差异。主要研究结论如下：

政治合法性影响因素方面：地方政府环境监管压力 PITI 与企业环境信息披露在全样本、重污染行业子样本、非重污染行业子样本回归中均无显著相关性，假设 1 - 1 未得到验证；公司所有权性质压力 STATE 与企业环境信息披露在全样本回归中无显著相关性，在重污染行业子样本回归中显著正相关，在非重污染行业子样本回归中显著负相关，假设 1 - 2 得到验证；公司高管政治关联 PC 与企业环境信息披露在全样本和非重污染行业子样本回归中无显著相关性，在重污染行业子样本回归中显著正相关，假设1－3未得到验证。

社会合法性影响因素方面：社会中介机构监督压力ISO 14001与企业环境信息披露在全样本、重污染行业子样本、非重污染行业子样本回归中均显著正相关，假设2－1－1得到验证；社会中介机构监督压力BIG4与企业环境信息披露在全样本和重污染行业子样本回归中显著负相关，在非重污染行业子样本回归中相关性不显著，假设2－1－2得到验证；媒体公众舆论监督压力BDINDEX与企业环境信息披露在三个样本回归中均无显著相关性，假设2－2未得到验证；消费者监督压力GREENBRAND与企业环境信息披露在全样本和重污染行业子样本回归中显著正相关，在非重污染行业子样本回归中相关性不显著，假设2－3得到验证；员工监督压力EE-DUR与企业环境信息披露在全样本回归中显著负相关，在重污染行业子样本和非重污染行业子样本回归中相关性不显著，假设2－4未得到验证。

经济合法性影响因素方面：公司外部融资需求FINANCE与企业环境信息披露在全样本、重污染行业子样本、非重污染行业子样本回归中均无显著相关性，假设3－1未得到验证；公司债权人压力LOAN与企业环境信息披露在全样本和非重污染行业子样本回归中显著正相关，在重污染行业子样本回归中相关性不显著，假设3－2得到验证；公司治理结构替代变量之一股权集中度TOP1与企业环境信息披露在非重污染行业子样本回归中显著负相关，在全样本和重污染行业子样本回归中相关性不显著，假设3－3－1得到验证；公司治理结构替代变量之二独立董事比例IDR与企业环境信息披露在非重污染行业子样本回归中显著负相关，在全样本和重污染行业样本回归中相关性不显著，假设3-3-2未得到验证；公司治理结构替代变量之三监事会规模JSHH与企业环境信息披露在全样本和重污染行业子样本回归中显著正相关，在非重污染行业子样本回归中相关性不显著，假设3-3-3得到验证。

二　实证结果解释

对于未通过实证检验的研究假设，分别从合法性动机影响因素的三个方面分析可能的原因如下：

首先，在政治合法性动机影响因素方面，地方政府环境监管压力PITI与企业环境信息披露没有呈现预期的正相关关系，可能的解释是：地方政府环境监管不到位，受到环境监管压力大的公司并没有披露更多的环境信息。公司高管政治关联PC与企业环境信息披露没有呈现预期的负相关关系，在重污染行业子样本回归中两者显著正相关，可能的解释是：当前我国对于环境业绩好的公司实施政府补助、税收优惠等扶持政策，重污染行业中环境业绩好的公司更愿意通过高管政治关联与政府建立联系，进而争取更多的政府优惠政策，同时会增加环境信息披露以区别于环境业绩差的公司。

其次，在社会合法性动机影响因素方面，员工监督压力EEDUR、媒体公众舆论监督压力BDINDEX与企业环境信息披露水平没有呈现预期的正相关关系，说明当前我国社会中介组织机构及社会公众的环保意识还比较差，或者虽然社会公众环保意识逐步增强，但是尚未建立起社会舆论监督对于企业环境信息披露发挥作用的良好机制，社会公众舆论监督作用尚未充分发挥。

最后，在经济合法性动机影响因素方面，公司外部融资需求FINANCE与企业环境信息披露相关性不显著，可能是由于指标选取的局限，或者说明外部融资需求并不是企业环境信息披露的主要动机。独立董事比例 IDR 与企业环境信息披露水平在非重污染行业子样本回归中显著负相关，在全样本和重污染行业子样本回归中相关性不显著，这与文献发现的两者显著正相关的结论不同。可能的原因是：自愿性披露的非重污染行业公司与强制性披露的重污染行业公司呈现出不同的特征，独立董事尚未在环境信息披露方面发挥监督职能。

通过本章的实证研究，最大的发现就是全样本、重污染行业子样本、非重污染行业子样本在环境信息披露影响因素方面存在明显的差异。最典型的一个例子是公司所有权性质这一影响因素，在强制性披露的重污染行业，国有控股公司的环境信息披露水平更好；在自愿性披露的非重污染行业，国有控股公司的环境信息披露水平更差。这一结论反映出国有控股公司的环境信息披露行为具有非常强的政治合法性动机。

综合本章政治合法性动机、社会合法性动机、经济合法性动机三方面影响因素的实证结论，发现：对于强制性披露的重污染行业，企业环境信息披露主要受政治合法性动机和社会合法性动机方面因素的影响；而对于自愿性披露的非重污染行业，企业环境信息披露主要受经济合法性动机方面因素的影响。也就是说，重污染行业公司受到的政府监管和社会监督压力比较大，其环境信息披露动机主要是追求政治合法性和社会合法性；而非重污染行业公司受到的外部压力相对较小，其环境信息披露更多是基于企业层面的经济合法性动机。

第四节　本章小结

本章使用第五章确定的公司环境信息披露指数作为被解释变量，继续以2011—2012年度沪市A股制造业上市公司为研究样本，从合法性动机的三方面出发选取指标作为环境信息披露影响因素解释变量，并以地区、规模、财务杠杆、盈利能力、报告形式、年度、行业等为控制变量，分别全样本、重污染行业子样本和非重污染行业子样本对上市公司环境信息披露影响因素进行了全面的实证研究。主要研究结论如下：

政治合法性动机方面的影响因素：地方政府环境监管压力PITI与企业环境信息披露在全样本、重污染行业子样本、非重污染行业子样本回归中均无显著相关性；公司所有权性质压力STATE与企业环境信息披露在全样本回归中无显著相关性，在重污染行业子样本回归中显著正相关，在非重污染行业子样本回归中显著负相关；公司高管政治关联PC与企业环境信息披露在全样本和非重污染行业子样本回归中无显著相关性，在重污染行业子样本回归中显著正相关。

社会合法性动机方面的影响因素：社会中介机构监督压力ISO 14001与企业环境信息披露在全样本、重污染行业子样本、非重污染行业子样本回归中均显著正相关；社会中介机构监督压力BIG4与企业环境信息披露在全样本和重污染行业子样本回归中显著负相关，在非重污染行业子样本回归中相关性不显著；媒体公众舆论监督压力BDINDEX与企业环境信息披露在三个样本回归中均无显著相关性；消费者监督压力 GREENBRAND 与企业环境信息披露在全样本和重污染行业子样本回归中显著正相关，在非重污染行业子样本回归中相关性不显著；员工监督压力 EEDUR 与企业环境信息披露在全样本回归中显著负相关，在重污染行业子样本和非重污染行业子样本回归中相关性不显著。

经济合法性动机方面的影响因素：公司外部融资需求 FINANCE 与企业环境信息披露在全样本、重污染行业子样本、非重污染行业子样本回归中均无显著相关性；公司债权人压力 LOAN 与企业环境信息披露在全样本和非重污染行业子样本回归中显著正相关，在重污染行业子样本回归中相关性不显著；反映公司治理结构的股权集中度 TOP1 与企业环境信息披露在非重污染行业子样本回归中显著负相关，在全样本和重污染行业子样本回归中相关性不显著；独立董事比例 IDR 与企业环境信息披露在非重污染行业子样本回归中显著负相关，在全样本和重污染行业子样本回归中相关性不显著；监事会规模 JSHH 与企业环境信息披露在全样本和重污染行业子样本回归中显著正相关，在非重污染行业子样本回归中相关性不显著。

总之，研究结论显示：强制性披露的重污染行业公司环境信息披露主要受政治合法性动机和社会合法性动机方面因素的影响，自愿性披露的非重污染行业公司环境信息披露主要受经济合法性动机方面因素的影响。同时，本章实证结论反映出当前我国存在地方政府环境监管不到位、社会中介机构及媒体公众尚未形成有效的社会监督机制、公司治理及环境管理有待改进等问题，验证了第五章现状分析指出的问题，也为第七章提出相关政策建议提供了实证依据。

第七章　研究结论与展望

本书在文献研究与理论研究的基础上，第四章构建了一个企业环境信息披露合法性动机的理论分析框架，并在动机框架下提出了上市公司环境信息披露影响因素的研究假设；第五章通过对样本公司环境信息披露指数的描述性统计分析了上市公司环境信息披露的现状与问题；第六章从政治合法性动机、社会合法性动机、经济合法性动机三方面对样本公司环境信息披露的影响因素进行了实证分析，比较了重污染行业与非重污染行业公司环境信息披露影响因素及披露动机的差异。本章旨在对全文研究进行归纳和总结，提出相关政策建议，指出未来进一步研究的方向。

第一节　研究结论

一　企业环境信息披露合法性动机的理论分析框架

本书对于企业环境信息披露动机与影响因素研究的理论基础包括可持续发展理论、利益相关者理论与合法性理论。可持续发展理论界定了企业的环境责任，利益相关者理论搭建了企业环境信息披露的分析框架，合法性理论将环境信息披露作为企业合法性管理的手段，从而为企业环境信息披露行为找到了目标和动机。在上述三种理论的基础上，本书构建了一个企业环境信息披露动机的理论分析框架，将企业环境信息披露的动机界定为合法性动机，合法性是指利益相关者对企业行为的正当性和可被接受性的整体评价。根据利益相关者对企业环境信息披露的影响范畴，将合法性动机划分为政治合法性动机、社会合法性动机和经济合法性动机三种。基于内在动机作用于企业环境信息披露行为形成外在影响因素的原理，本书从合法性动机的三方面选取指标实证检验公司环境信息披露的影响因素，从而间接证明企业环境信息披露三种合法性动机的存在。

二　我国上市公司环境信息披露的现状研究

本书从企业环境信息披露指数描述性统计分析以及披露现状与问题分析两个方面对我国上市公司环境信息披露现状进行了研究，主要研究结论如下：

（1）样本公司环境信息披露指数描述性统计分析。本书在制度背景分析、文献回顾及理论研究的基础上，选取2011—2012年沪市A股制造业上市公司的数据，从地区、行业、公司性质、公司规模、报告形式五个角度对企业环境信息披露的现状特征进行了实证分析。结论如下：我国东部地区公司的环境信息披露水平最高，中部次之，西部最差；重污染行业公司的环境信息披露水平显著高于非重污染行业；国有控股公司环境信息披露水平显著高于非国有控股公司；大规模公司的环境信息披露水平显著高于小规模公司；发布独立报告公司的环境信息披露水平显著高于未发布独立报告公司。

（2）上市公司环境信息披露现状与问题分析。通过对我国上市公司环境信息披露指数的描述性统计分析，笔者发现存在企业整体披露水平低、详细的定量化信息和负面信息披露较少、通过独立报告集中披露环境信息的企业较少等问题，这些问题不仅仅是企业本身的问题，从深层次分析也反映出政府、社会、企业三方面均存在一定的缺失。政府层面存在制度监管的缺失，没有发布专门针对企业环境信息披露的法律规范和会计准则，环境执法监管不到位；社会层面存在舆论监督的缺失，社会中介机构和公众舆论尚未形成对企业环境信息披露的有效监督机制和监督合力；企业层面存在环境治理的缺失，缺乏完善的环境管理和内部治理结构。

三　我国上市公司环境信息披露的影响因素研究

依据本书构建的企业环境信息披露动机的理论分析框架，本书从政治合法性动机、社会合法性动机、经济合法性动机三个方面选取指标对企业环境信息披露影响因素提出理论假设并进行实证检验，以企业环境信息披露指数作为被解释变量，以各影响因素作为解释变量，并控制了地区、规模、财务杠杆、盈利能力、报告形式、年度、行业等变量，分全样本、重污染行业子样本和非重污染行业子样本对企业环境信息披露影响因素进行了全面的实证研究。主要研究结论如下：

政治合法性动机方面的影响因素：地方政府环境监管压力 PITI 指数与企业环境信息披露在全样本、重污染行业子样本、非重污染行业子样本回归中均无显著相关性；公司所有权性质压力 STATE 与企业环境信息披露在全样本回归中无显著相关性，在重污染行业子样本回归中显著正相关，在非重污染行业子样本回归中显著负相关；公司高管政治关联 PC 与企业环境信息披露在全样本和非重污染行业子样本回归中无显著相关性，在重污染行业子样本回归中显著正相关。

社会合法性动机方面的影响因素：社会中介机构监督压力

ISO 14001与企业环境信息披露在全样本、重污染行业子样本、非重污染行业子样本回归中均显著正相关；社会中介机构监督压力 BIG4 与企业环境信息披露在全样本和重污染行业子样本回归中显著负相关，在非重污染行业子样本回归中相关性不显著；媒体公众舆论监督压力 BDINDEX 与企业环境信息披露在三个样本回归中均无显著相关性；消费者监督压力 GREENBRAND 与企业环境信息披露在全样本和重污染行业子样本回归中显著正相关，在非重污染行业子样本回归中相关性不显著；员工监督压力 EEDUR 与企业环境信息披露在全样本回归中显著负相关，在重污染行业子样本和非重污染行业子样本回归中相关性不显著。

经济合法性动机方面的影响因素：公司外部融资需求 FINANCE 与企业环境信息披露在全样本、重污染行业子样本、非重污染行业子样本回归中均无显著相关性；公司债权人压力 LOAN 与企业环境信息披露在全样本和非重污染行业子样本回归中显著正相关，在重污染行业子样本回归中相关性不显著；反映公司治理结构的股权集中度 TOP1 与企业环境信息披露在非重污染行业子样本回归中显著负相关，在全样本和重污染行业子样本回归中相关性不显著；独立董事比例 IDR 与企业环境信息披露在非重污染行业子样本回归中显著负相关，在全样本和重污染行业子样本回归中相关性不显著；监事会规模 JSHH 与企业环境信息披露在全样本和重污染行业子样本回归中显著正相关，在非重污染行业子样本回归中相关性不显著。

总之，研究结论显示：强制性披露的重污染行业公司环境信息披露主要受政治合法性动机和社会合法性动机方面因素的影响，自愿性披露的非重污染行业公司环境信息披露主要受经济合法性动机方面因素的影响。同时，影响因素实证研究进一步验证了第五章提出的现状问题，即当前我国存在地方政府环境监管不到位、社会中介机构及媒体公众尚未形成有效的社会监督机制、公司治理及环境管理有待改进等问题。

第二节　政策建议

一　政府监管层面

1. 完善企业环境信息披露相关法律法规

我国缺少企业环境责任与环境信息披露的专门立法，现有的几部环境保护法律对企业环境信息披露的规定非常有限并且仅为原则性规定，具有实践指导意义的法规文件主要由环保部、证监会及证券交易所发布，存在立法层级低、缺乏强制性等缺点。本书研究显示，强制性披露的重污染行业公司环境信息披露水平显著高于自愿性披露的非重污染行业公司，而政治合法性动机和社会合法性动机是重污染行业公司环境信息披露的主要动机。因此，完善立法是促进我国上市公司环境信息披露水平提升的根本途径。首先，建议有关部门结合当前《环境保护法》等法律的修订，明确将企业环境信息披露要求、监管要求、法律责任等写入法律；其次，建议中华人民共和国生态环境部尽快完成对《上市公司环境信息披露指南（征求意见稿）》的修订并出台正式稿，提高对重污染行业上市公司环境信息披露的强制性要求，以上市公司带动我国企业环境信息披露水平的整体提升。

2. 制定环境会计与环境信息披露准则

我国没有专门的环境会计及环境信息披露准则，现有法规文件只规定了企业环境信息强制性披露和自愿性披露的内容，但是并没有规定具体的披露位置及披露标准。多数企业没有开展环境管理与环境核算，企业环境信息披露的随意性比较大。因此，当前我国应大力开展环境会计研究，推动环境会计在企业的应用，可以借鉴全球报告倡议组织《可持续发展报告指南》及其他国际先进经验制定环境会计与环境信息披露准则或制度，提供一套具体的、具有较强可操作性的企业环境信息披露标准。

3. 构建企业环境信息披露联合监管体系

当前我国对企业环境信息披露的监管主体比较分散，包括生态环境部、证监会、证交所、地方环保局等，各部门之间缺乏联动机制，监管效率不高。鉴于重污染行业上市公司是环境信息披露监管的主要对象，建议由生态环境部、证监会、证交所等组成联合监管机构，借鉴国外经验建立重污染行业上市公司环境污染排放及其他信息监管数据库，实现监管信息的共享，强化监管力度。

二　社会监督层面

1. 建立行业协会及社会中介机构社会监督的机制

行业协会、民间环保组织及各类社会中介机构是社会监督的重要力量，行业协会代表同行业的共同利益，民间环保组织代表公众的诉求，他们会主动监督企业环境责任的履行及环境信息披露。但是，社会监督需要制度保障才能对企业产生足够的约束力。因此，建议国家尽快研究确立环境公益诉讼制度，明确环境公益诉讼的主体和范围等具体内容，并将其纳入目前正在修订的《环境保护法》。

2. 适当整合媒体力量，强化媒体舆论监督

媒体具有直接性、广泛性和迅速性的特点，媒体在推动我国企业履行社会责任方面已经发挥了重要作用，但是也暴露出一些问题。不少媒体与研究机构合作发布企业社会责任排行榜，推动了社会责任理念在企业和社会的传播，但由于评价标准的不一致导致众多的排行榜单让公众无所适从，再加上个别媒体与社会责任咨询服务机构利益关系不独立使得排行榜的客观性难以保证。因此，建议媒体加强合作，适当整合优质资源，研究确立一套广泛认可的社会责任及环境信息披露评价标准，更好地发挥舆论监督作用。

3. 培育公众环保意识，加强公众监督作用

随着社会公众环保意识的提升，绿色消费观念逐渐兴起，公众开始关注公司的环境表现及公司产品是否节能环保，这将对企业产生巨大压力，促使企业开发节能产品、实施清洁生产、减少污染排放。但是公众环保意识的培育是一个长期的过程，建议加强政府引导和媒体主导的环保宣传力度，构建由社会中介机构、媒体、公众共同参与的社会监督机制，形成对企业环境信息披露的有效监督力量。

三　企业层面

1. 提升企业环境责任与环境信息披露意识

随着可持续发展观念的推广，企业逐渐认识到除了经济责任和社会责任，还应承担环境责任。目前，不少企业已经在内部大力宣传、倡导环保理念，普及环保知识，将环保贯穿于企业经营的始终。建议企业提升通过环境信息披露与利益相关者沟通的意识，从战略的角度看待企业环境信息披露，以积极的态度争取利益相关者

的理解和支持，树立良好的企业社会形象。

2. 以ISO环境管理体系认证推动企业环境管理

本书研究发现，通过ISO 14001环境管理体系认证的企业，环境管理更加规范，环境信息披露水平也明显较高。环境意识薄弱、环境管理不到位、环境绩效水平低是企业环境信息披露水平差的重要原因。环境管理与环境绩效好的企业愿意通过环境信息披露树立良好的企业形象；环境绩效差的企业担心公布环境信息受到处罚因而选择不披露或少披露环境信息。因此，应倡导企业通过环境管理体系认证强化环境管理，进而推动企业环境信息披露水平的提高。

3. 完善公司治理结构

良好的公司治理结构有利于理顺公司的各种关系，实现企业的可持续发展。本书实证研究结论表明，股权集中度与重污染行业公司环境信息披露水平显著负相关，独立董事比例与非重污染行业公司环境信息披露水平显著负相关，监事会规模与重污染行业公司环境信息披露水平显著正相关。因此，企业应完善内部治理结构，作为企业环境信息披露的内在保障机制。

第三节　未来研究展望

第一，对于企业环境信息披露动机的研究，本书仅仅提出一个理论分析框架，没有进行直接的具体研究，今后可以考虑采取问卷调查和访谈的研究方法，对企业环境信息披露动机进行深入的实证研究。第二，对于企业环境信息披露指数的构建，本书在设置评价标准时仅考虑了量化性、详细程度等几个质量因素，今后可以从数量和质量两方面开展更为深入的研究。第三，本书的研究样本是沪市 A 股制造业上市公司，虽然样本在包含多数重污染行业公司的同时也包含非重污染行业公司，能够满足本书的研究需要，但是未来可以考虑扩大样本量到更多行业和公司，以使研究结论更具有代表性。第四，未来研究可以结合某个行业或公司进行案例研究，对企业环境信息披露提供更有价值的参考。

参考文献

[1] 毕茜、彭珏：《上市公司环境信息披露政策主体选择研究》，《财经问题研究》2013 年第 2 期。

[2] 毕茜、彭珏、左永彦：《环境信息披露制度、公司治理和环境信息披露》，《会计研究》2012 年第 7 期。

[3] 蔡刚：《论合法性，利益相关者与 CSR 信息披露的关系——来自中国上市公司自愿 CSR 报告的证据》，《西南民族大学学报》（人文社会科学版）2010 年第 9 期。

[4] 陈华：《基于社会责任报告的上市公司环境信息披露质量研究》，经济科学出版社 2013 年版。

[5] 陈华、王海燕、梁慧萍：《政治关联与环境信息披露——来自我国重污染行业上市公司的经验证据》，《财会通讯》2012 年第 24 期。

[6] 陈小林、罗飞、袁德利：《公共压力、社会信任与环保信息披露质量》，《当代财经》2010 年第 8 期。

[7] 陈璇、Lindkvist K. B：《环境绩效与环境信息披露：基于高新技术企业与传统企业的比较》，《管理评论》2013 年第 9 期。

[8] 陈璇、淳伟德：《基于利益相关者需求的环境会计信息披露探讨》，《理论与改革》2008 年第 2 期。

[9] 陈毓圭：《环境会计和报告的第一份国际指南——联合国国际会计和报告标准政府间专家工作组第 15 次会议记述》，《会计研究》1998 年第 5 期。
[10] 储一昀：《企业环境信息披露的探讨》，《上海会计》1999 年第 3 期。
[11] 冯杰：《企业环境信息披露的合法性管理动机与效果研究》，硕士学位论文，暨南大学，2011 年。
[12] 冯淑萍、沈小南：《关于环境会计问题的讨论——联合国国际会计和报告标准政府间专家工作组第十三届会议情况简介》，《会计研究》1995 年第 6 期。
[13] 高民芳、秦清华、钟婧：《环境信息披露价值效应及影响因素研究综述》，《财会通讯》2011 年第 11 期。
[14] 耿建新、房巧玲：《环境会计研究视角的国际比较》，《会计研究》2004 年第 1 期。
[15] 耿建新、焦若静：《上市公司环境会计信息披露初探》，《会计研究》2002 年第 1 期。
[16] 耿建新、刘长翠：《企业环境会计信息披露及其相关问题探讨》，《审计研究》2003 年第 3 期。
[17] 郭秀珍：《环境保护与企业环境会计信息披露——基于公司治理结构的上市公司经验数据分析》，《财经问题研究》2013 年第 5 期。
[18] 何丽梅、李世明、侯涛：《基于企业社会责任报告视角的上市公司环境信息披露统计分析》，《财会通讯》2010 年第 26 期。
[19] 贺红艳、任轶：《企业环境信息披露影响因素的验证——以采掘行业为例》，《财会通讯》2009 年第 24 期。

[20] 胡静波：《我国上市公司信息披露制度及其有效性研究》，博士学位论文，吉林大学，2009 年。

[21] 胡立新、王田、肖田：《董事会特征与环境信息披露研究——基于我国制造业上市公司的调查分析》，《财会通讯》2010 年第 33 期。

[22] 黄珺、周春娜：《股权结构、管理层行为对环境信息披露影响的实证研究——来自沪市重污染行业的经验证据》，《中国软科学》2012 年第 1 期。

[23] 蒋麟凤：《我国环境会计信息披露动因研究》，《财会通讯》2011 年第 1 期。

[24] 颉茂华、王晶、刘艳霞：《立足企业经济与社会动机改进环境管理信息披露体系——基于〈可持续发展报告指南〉视角的比较》，《环境保护》2012 年第 8 期。

[25] 李朝芳：《环境责任、组织变迁与环境会计信息披露——一个基于合法性理论的规范研究框架》，《经济与管理研究》2010 年第 5 期。

[26] 李建发、肖华：《我国企业环境报告：现状、需求与未来》，《会计研究》2002 年第 4 期。

[27] 李连华、丁庭选：《环境会计信息披露问题研究》，《经济经纬》2001 年第 1 期。

[28] 李诗田：《基于合法性和代理冲突的社会责任信息披露动因研究》，经济科学出版社 2010 年版。

[29] 李晚金、匡小兰、龚光明：《环境信息披露的影响因素研究——基于沪市 201 家上市公司的实证检验》，《财经理论与实践》2008 年第 3 期。

[30] 李正、向锐：《中国企业社会责任信息披露的内容界定、计量方法和现状研究》，《会计研究》2007 年第 7 期。

[31] 林晓华、唐久芳：《企业财务状况对环境信息披露影响的实证》，《统计与决策》2011 年第 4 期。

[32] 刘海英：《环境会计信息披露研究综述与展望》，《财会月刊》2010 年第 9 期。

[33] 刘红梅、陈玲娣、王克强：《环境会计研究综述》，《林业经济》2007 年第 3 期。

[34] 刘莉莉：《利益相关者对环境信息披露的影响研究》，硕士学位论文，湖南大学，2012 年。

[35] 卢馨、李建明：《中国上市公司环境信息披露的现状研究——以 2007 年和 2008 年沪市 A 股制造业上市公司为例》，《审计与经济研究》2010 年第 3 期。

[36] 吕峻、焦淑艳：《环境披露，环境绩效和财务绩效关系的实证研究》，《山西财经大学学报》2011 年第 1 期。

[37] 罗欢焕、周驰杰、凌棱：《林业上市公司环境信息披露影响因素研究——以沪市上市林业企业为例》，《林业经济》2013 年第 2 期。

[38] 孟凡利：《论环境会计信息披露及其相关的理论问题》，《会计研究》1999 年第 4 期。

[39] 孟晓俊、褚进：《上市公司环境绩效与环境信息披露相关性研究文献综述》，《生产力研究》2013 年第 9 期。

[40] 潘妙丽、刘源、陈峥嵘：《环境信息披露质量及其经济后果研究——来自环境“污染门”及配对公司的实证证据》，《上海立信会计学院学报》2012 年第 3 期。

[41] 邱均平、邹菲：《关于内容分析法的研究》，《中国图书馆学报》2004 年第 2 期。

[42] 尚会君、刘长翠、耿建新：《我国企业环境信息披露现状的实证研究》，《环境保护》2007 年第 8 期。

[43] 沈洪涛：《公司社会责任和环境会计的目标与理论基础——国外研究综述》，《会计研究》2010 年第 2 期。

[44] 沈洪涛：《公司特征与公司社会责任信息披露——来自我国上市公司的经验证据》，《会计研究》2007 年第 3 期。

[45] 沈洪涛：《企业环境信息披露：理论与证据》，科学出版社 2011 年版。

[46] 沈洪涛、程辉、袁子琪：《企业环境信息披露：年报还是独立报告?》，《上海立信会计学院学报》2010 年第 6 期。

[47] 沈洪涛、冯杰：《舆论监督、政府监管与企业环境信息披露》，《会计研究》2012 年第 2 期。

[48] 沈洪涛、黄珍、郭肪汝：《告白还是辩白——企业环境表现与环境信息披露关系研究》，《南开管理评论》2014 年第 2 期。

[49] 沈洪涛、李余晓璐：《我国重污染行业上市公司环境信息披露现状分析》，《证券市场导报》2010 年第 7 期。

[50] 沈洪涛、沈艺峰：《公司社会责任思想起源与演变》，上海人民出版社 2007 年版。

[51] 沈洪涛、苏亮德：《企业信息披露中的模仿行为研究——基于制度理论的分析》，《南开管理评论》2012 年第 3 期。

[52] 沈洪涛、游家兴、刘江宏：《再融资环保核查、环境信息披露与权益资本成本》，《金融研究》2010 第 12 期。

[53] 石旦：《环境信息披露影响因素研究综述》，《经营管理者》

2013 年第 26 期。

[54] 舒岳:《公司治理结构对环境信息披露影响的实证研究——来自沪市上市公司 2008 年的经验证据》,《会计之友》2010 年第 1 期。

[55] 舒岳:《股权结构与环境信息披露的实证研究——来自沪市上市公司的经验数据》,《财会通讯》2010 年第 18 期。

[56] 宋建波、李丹妮:《企业环境责任与环境绩效理论研究及实践启示》,《中国人民大学学报》2013 年第 3 期。

[57] 宋宇宁:《基于核心利益相关者的企业环境信息披露内容研究》,硕士学位论文,中国海洋大学,2010 年。

[58] 孙烨、孙立阳、廉洁:《企业所有权性质与规模对环境信息披露的影响分析——来自上市公司的经验证据》,《社会科学战线》2009 年第 2 期。

[59] 汤亚莉、陈自力、刘星等:《我国上市公司环境信息披露状况及影响因素的实证研究》,《管理世界》2006 年第 1 期。

[60] 唐国平、李龙会:《环境信息披露、投资者信心与公司价值——来自湖北省上市公司的经验证据》,《中南财经政法大学学报》2011 年第 6 期。

[61] 唐建、彭珏、周阳:《我国企业环境信息披露制度演变与运行状况——以重污染行业上市公司为例》,《财会月刊》2012 年第 36 期。

[62] 唐久芳、李鹏飞:《环境信息披露的实证研究——来自中国证券市场化工行业的经验数据》,《中国人口·资源与环境》2008 年第 5 期。

[63] 田云玲、洪沛伟:《上市公司环境信息披露研究》,《合作经

济与科技》2010 年第 8 期。

[64] 万寿义、刘正阳：《制度安排、环境信息披露与市场反应——基于监管机构相关规定颁布的经验研究》，《理论学刊》2011 年第 11 期。

[65] 王波、马凤才、张群：《企业环境报告与实践分析》，《环境保护》1999 年第 3 期。

[66] 王建明：《环境信息披露、行业差异和外部制度压力相关性——来自我国沪市上市公司环境信息披露的经验证据》，《会计研究》2008 第 6 期。

[67] 王军、谢锋、郑飞：《〈企业环境报告书编制导则〉与企业环境信息公开》，中国环境科学出版社 2012 年版。

[68] 王军会、赵西卜：《企业环境信息披露实证研究方法综述》，《中国管理信息化》2011 年第 13 期。

[69] 王君彩、牛晓叶：《碳信息披露项目、企业回应动机及其市场反应——基于 2008—2011 年 CDP 中国报告的实证研究》，《中央财经大学学报》2013 年第 1 期。

[70] 王立彦、尹春艳、李维刚：《我国企业环境会计实务调查分析》，《会计研究》1998 年第 8 期。

[71] 王倩倩：《组织合法性视角下的企业自愿性社会责任信息披露研究》，博士学位论文，辽宁大学，2013 年。

[72] 王霞、徐晓东、王宸：《公共压力、社会声誉、内部治理与企业环境信息披露——来自中国制造业上市公司的证据》，《南开管理评论》2013 年第 2 期。

[73] 王晓燕：《合法性与民营企业主的社会责任》，社会科学文献出版社 2013 年版。

[74] 王玉梅：《中国上市公司社会责任研究》，博士学位论文，中国人民大学，2011 年。

[75] 吴德军：《责任指数、公司性质与环境信息披露》，《中南财经政法大学学报》2011 年第 5 期。

[76] 吴翊民：《基于成本收益的企业环境信息披露研究》，博士学位论文，南开大学，2009 年。

[77] 肖华、李建发、张国清：《制度压力、组织应对策略与环境信息披露》，《厦门大学学报》（哲学社会科学版）2013 年第 3 期。

[78] 肖华、张国清：《公共压力与公司环境信息披露——基于松花江事件的经验研究》，《会计研究》2008 年第 5 期。

[79] 肖淑芳、胡伟：《我国企业环境信息披露体系的建设》，《会计研究》2005 年第 3 期。

[80] 辛敏、王建明：《企业环境信息披露影响因素的经济计量分析》，《会计之友》2009 年第 7 期。

[81] 徐泓、包小刚、刘铭：《环境会计计量的基本理论与方法》，《经济理论与经济管理》1999 年第 2 期。

[82] 许家林：《环境会计：理论与实务的发展与创新》，《会计研究》2009 年第 10 期。

[83] 许家林、蔡传里：《中国环境会计研究回顾与展望》，《会计研究》2004 年第 4 期。

[84] 阳静、张彦：《上市公司环境信息披露影响因素实证研究》，《会计之友》2008 年第 11 期。

[85] 杨海燕：《公司社会责任信息披露研究》，吉林大学出版社 2012 年版。

[86] 杨熠、李余晓璐、沈洪涛：《绿色金融政策、公司治理与企业环境信息披露——以502家重污染行业上市公司为例》，《财贸研究》2011年第5期。
[87] 姚圣：《政治关联、环境信息披露与环境业绩——基于中国上市公司的经验证据》，《财贸研究》2011年第4期。
[88] 张国清、肖华：《灾难性环境事故、正当性理论与公司环境信息披露》，《当代会计评论》2009年第2期。
[89] 张猛：《山东省重污染行业上市公司环境信息披露影响因素的实证分析》，硕士学位论文，山东大学，2010年。
[90] 张世兴：《基于环境业绩评价的企业环境信息披露研究》，博士学位论文，中国海洋大学，2009年。
[91] 张淑惠：《环境会计信息披露制度的演化路径研究——一个基于制度的分析框架》，《中央财经大学学报》2009年第4期。
[92] 张淑惠、史玄玄、文雷：《环境信息披露能提升企业价值吗？——来自中国沪市的经验证据》，《经济社会体制比较》2011年第6期。
[93] 张文彤、邝春伟：《SPSS统计分析基础教程》（第2版），高等教育出版社2011年版。
[94] 张彦、关民：《企业环境信息披露的外部影响因素实证研究》，《中国人口·资源与环境》2009年第6期。
[95] 郑春美、向淳：《我国上市公司环境信息披露影响因素研究——基于沪市170家上市公司的实证研究》，《科技进步与对策》2013年第12期。
[96] 周守华、陶春华：《环境会计：理论综述与启示》，《会计研究》2012年第2期。

[97] 周一虹、牛成喆、杨肃昌:《公司环境报告:压力、鉴定和双重性影响》,《生态经济》2006 年第 10 期。

[98] 朱金凤、薛惠锋:《公司特征与自愿性环境信息披露关系的实证研究——来自沪市 A 股制造业上市公司的经验数据》,《预测》2008 年第 5 期。

[99] Aerts W., Cormier D., Media Legitimacy and Corporate Environmental Communi - cation. *Accounting, Organizations and Society*, 2009, 34 (1): 1 - 27.

[100] Al - Tuwaijri S. A., Christensen T. E., Hughes K. E. II., The Relations among Environ - mental Disclosure, Environmental Performance, and Economic Performance: A Simultaneous Equations Approach. *Accounting, Organizations and Society*, 2004, 29 (5 - 6): 447 - 471.

[101] Alciatore M. L., Dee C. C., Environmental Disclosures in the Oil and Gas Industry. *Volume Advances in Environmental Accounting & Management*, 2006, 3: 49 - 75.

[102] Anderson J. C., Frankle A. W., Voluntary Social Reporting: an Iso - beta Portfolio Analysis. *Accounting Review*, 1980, 55 (3): 467 - 479.

[103] Bewley K., Li. Y, Disclosure of Environmental Information by Canadian Manu - facturing Companies: A Voluntary Disclosure Perspective. *Advances in Environmental Accounting and Management*, 2000, 1: 201 - 226.

[104] Blacconiere W. G., Patten D. M., Environmental Disclosures, Regulatory Costs, and Changes in Firm Value. *Journal of Account-*

ing and Economics, 1994, 18 (3): 357 -377.

[105] Brammer S. , Pavelin S. , Factors Influencing the Quality of Corporate Environmen - tal Disclosure. *Business Strategy and the Environment*, 2008, 17 (2): 120 - 136.

[106] Brammer S. , Pavelin S. , Voluntary Environmental Disclosures by Large UK Companies. *Journal of Business Finance & Accounting*, 2006, 33 (7 - 8): 1168 - 1188.

[107] Brammer S. J. , Brooks C. , Pavelin S. , Corporate Social Performance and Stock Returns: UK Evidence from Disaggregate Measures. *Financial Management*, 2006, 35 (3): 97 - 116.

[108] Brown J. , Fraser M. , Approaches and Perspectives in Social and Environmental Accounting: An Overview of the Conceptual Landscape. *Business Strategy and the Environment*, 2006, 15 (2): 103 - 117.

[109] Brown N. , Deegan C. , The Public Disclosure of Environmental Performance Information - A dual Test of Media Agenda Setting Theory and Legitimacy Theory. *Accounting and Business Research*, 1998, 29 (1): 21 -41.

[110] Campbell D. A. , Longitudinal and Cross - Sectional Analysis of Environmental Disclosure in UK Companies - A Research Note. *The British Accounting Review*, 2004, 36 (1): 107 - 117.

[111] Campbell D. , Moore G. , Shrives P. Cross - Sectional Effects in Community Disclosure. *Accounting, Auditing and Accountability Journal*, 2006, 19 (1): 96 - 114.

[112] Cho C. H. , Patten D. M. , The Role of Environmental Disclosures as Tools of Legitimacy: A Research Note. *Accounting, Organization and Society*, 2007, 32 (7 - 8): 639 - 647.

[113] Cho C. H. , Roberts R. W. , Patten D. M. , The Language of US Corporate Environmen - tal Disclosure. *Accounting, Organizations and Society*, 2010, 35 (4): 431 - 443.

[114] Clarke J. , Gibson - Sweet M. , The Use of Corporate Social Disclosures in the Management of Reputation and Legitimacy: A Cross Sectoral Analysis of UK Top 100 Companies. *Business Ethics: A European Review*, 1999, 8 (1): 5 - 13.

[115] Clarkson P. M. , Li Yue, Richardson G. D. , Vasvari F. P. , Revisiting the Relation Between Environmental Performance and Environmental Disclosure: An empiri - cal analysis. *Accounting, Organizations and Society*, 2008, 33 (4 - 5): 303 - 327.

[116] Cormier D. , Magnan M. , Environmental Reporting Management: a Continental European Perspective. *Journal of Accounting and Public Policy*, 2003, 22 (1): 43 - 62

[117] Cowen S. S. , Ferreri L. B. , Parker L. D. , The Impact of Corporate Characteristics on Social Responsibility Disclosure: A Typology and Frequency - based Analysis. *Accounting, Organizations and Society*, 1987, 12 (2): 111 - 122.

[118] Darrell W. , Schwartz B. N. , Environmental Disclosures and Public Policy Pressure. *Journal of Accounting and Public Policy*, 1997, 16 (2): 125 - 154.

[119] Dawkins C. E. , Fraas J. W. , Erratum to: Beyond Acclamations

and Excuses: Environmental Performance, Voluntary Environmental Disclosure and the Role of Visibility. *Journal of Business Ethics*, 2011, 99 (3): 383 - 397.

[120] Deegan C. Environmental Reporting Requirements for Australian Corporation: An Analysis of Contemporary Australian and Overseas Environmental Reporting Practice. *Environmental and Planning Law Journal*, 1996, 13: 120 - 131.

[121] Deegan C., Gordon B. A., Study of the Environmental Disclosure Practices of Australian Corporations. *Accounting and Business Research*, 1996, 26 (3): 187 - 199.

[122] Deegan C., Rankin M., Do Australian Companies Report Environmental News Objectively? An Analysis of Environmental Disclosures by Firms Prosecuted Successfully by the Environmental Protection Authority Accounting. *Auditing and Accountability Journal*, 1996, 9 (2): 50 - 67.

[123] Deegan C., Rankin M., Voght P. Firms' Disclosure Reactions to Major Social Incidents: Australian Evidence, *Accounting Forum*, 2000, 24 (1): 101 - 130.

[124] Deephouse D. L., Carter S. M., An Examination of Differences Between Organiza - tional Legitimacy and Organizational Reputation. *Journal of Management Studies*, 2005, 42 (2): 329 - 360.

[125] Dierkes M., Preston L. E., Corporate Social Accounting Reporting for the Physical Environment: A Critical Review and Implementation Proposal. *Accounting, Organizations and Society*, 1977,

2 (1): 3 - 22.

[126] Donaldson T., Preston L. E., The Stakeholder Theory of the Corporation: Concepts, Evidence, and Implications. *Academy of Management Review*, 1995, 20 (1): 65 - 91., 1995, 20 (1): 65 - 91.

[127] Elkington J., Partnerships from Cannibals with Forks: The Triple Bottom Line of 21st - Century Business. *Environmental Quality Management*, 1998, 8 (1): 37 - 51.

[128] Eng L. L., Mak Y. T., Corporate Governance and Voluntary Disclosure, *Journal of Accounting and Public Policy*, 2003, 22 (4): 325 - 345.

[129] Forker J. J., Corporate Governance and Disclosure Quality, *Accounting and Business Research*, 1992, 86 (22): 111 - 124.

[130] Freedman M., Wasley C., The Association Between Environmental Perfor - mance and Environmental Disclosure in Annual Reports and 10Ks. *Advances in Public Interest Accounting*, 1990, 3 (2): 183 - 193.

[131] Freedman M., Jaggi B., An Analysis of the Impact of Corporate Pollution Disclosures Included in the Annual Financial Statements on Investors' Decisions. *Advances in Public Interest Accounting*, 1986, 1: 193 - 212.

[132] Freedman M., Jaggi B., Global Warming, Commitment to the Kyoto Protocol, and Accounting Disclosures by the Largest Global Public Firms from Polluting Industries. *The International Journal of Accounting*, 2005, 40 (3): 215 - 232.

[133] Freedman M. , Stagliano A. J. , European Unification, Accounting Harmonization, and Social Disclosure. *The International Journal of Accounting*, 1992, 27 (2): 112 - 122.

[134] Frost G. R. , Jones S. , Loftus J. , Van der Laan S. A, Survey of Sustainability Reporting Practices of Australian Reporting Entities. *Australian Accounting Review*, 2005, 15: 89 - 95.

[135] Frost G. R. , The Introduction of Mandatory Environmental Reporting Guidelines: Australian Evidence. *Abacus*, 2007, 43 (2), 190 - 216.

[136] Gray R. , Owen D. , Maunders K. , *Corporate Social Reporting: Accounting and Accountability*. London: Prentice Hall, 1987.

[137] Gray R. , Thirty Years of Social Accounting, Reporting and Auditing: What (If Anything) Have We Learnt? . *Business Ethics: A European Review*, 2001, 10 (1): 9 - 15.

[138] Guthrie J. , Cuganesan S. , Ward L. , Industry Specific Social and Environmental Reporting: The Australian Food and Beverage Industry. *Accounting Forum*, 2008, 32 (1): 1 - 15.

[139] Guthrie J. , Mathews M. R. , Corporate social accounting in Australasia. *Research in Corporate Social Performance and Policy*, 1985, 7 (251): 77.

[140] Guthrie J. , Parker L. D. , Corporate Social Disclosure Practice: a Comparative International Analysis. *Advances in Public Interest Accounting*, 1990, 3: 159 - 173.

[141] Hughes S. B. , Anderson A. , Golden S. , Corporate Environmental Disclosures: Are They Useful in Determining Environmen-

tal Performance, *Journal of Accounting and Public Policy*, 2001, 20 (3): 217 -240.

[142] http: //www. sustainabilityreport. cn/, 企业可持续发展报告资源中心。

[143] http: //www. csr - china. net/, 企业社会责任中国网。

[144] http: //www. cass - csr. org/, 中国社会科学院经济学部企业社会责任研究中心。

[145] http: //www. rksratings. com/, 润灵环球责任评级。

[146] http: //csr. stcn. com/common/csr/index. html, 证券时报社中国上市公司社会责任研究中心。

[147] Ingram R. W., Frazier K. B., Environmental Performance and Corporate Disclosure. *Journal of Accounting Research*, 1980, 18 (2): 614 -622.

[148] Leftwich R. W., Watts R. L., Zimmerman J. L., Voluntary Corporate Disclosure: The Case of Interim Reporting. *Journal of Accounting Research*, 1981: 50 -77.

[149] Lorraine N. H. J., Collison D. J., Power D. M., An Analysis of the Stock Market Impact of Environmental Performance Information. *Accounting Forum. Elsevier*, 2004, 28 (1): 7 -26.

[150] Mathews M. R., *Socially Responsible Accounting*. London: Chapman and Hall, 1993.

[151] Mathews M. R., Twenty - five Years of Social and Environmental Accounting Research: Is There a Silver Jubilee to Celebrate? . *Accounting, Auditing & Accountability Journal*, 1997, 10 (4): 481 -531.

[152] McGuire J. B. , Sundgren A. , Schneeweis T. , Corporate Social Responsibility and Firm Financial Performance. *Academy of Management Journal*, 1988, 31 (4): 854 – 872.

[153] Milne M. J. , Adler R. W. , Exploring the Reliability of Social and Environmental Disclosures Content Analysis. *Accounting, Auditing & Accountability Journal*, 1999, 12 (2): 237 – 256.

[154] Mitchell R. K. , Agle B. R. , Wood D. J. , Toward a Theory of Stakeholder Identification and Salience: Defining the Principle of Who and What Really Counts. *Academy of Management Review*, 1997, 22 (4): 853 – 886.

[155] Newson M. , Deegan C. , Global Expectations and Their Association with Corporate Social Disclosure Practices in Australia, Singapore, and South Korea. *The International Journal of Accounting*, 2002, 37 (2): 183 – 213.

[156] Parsons T. , Jones I. , *Structure and Process in Modern Societies*. New York: Free Press, 1960.

[157] Patten D. M. , Crampton W. Legitimacy and the Internet: An Examination of Corporate Web Page Environmental Disclosures. *Advances in Environmental Accounting and Management*, 2003, 2: 31 – 57.

[158] Patten D. M. , Exposure, Legitimacy and Social Disclosure. *Journal of Accounting and Public Policy*, 1991, 10 (4): 297 – 308.

[159] Patten D. M. , Intra – industry Environmental Disclosures in Response to the Alaskan Oil Spill: A Note on Legitimacy Theory.

Accounting, Organizations and Society, 1992, 17 (5): 471 - 475.

[160] Patten D. M., Media Exposure, Public Policy Pressure, and Environmental Disclosure: An Examination of the Impact of Tri Data Availability. *Accounting Forum*, 2002, 26 (2): 152 - 171.

[161] Peskin H. M., A National Accounting Framework for Environmental Assets. *Journal of Environmental Economics and Management*, 1976, 2 (4): 255 - 262.

[162] Roberts R. W., Determinants of Corporate Social Responsibility Disclosure: An Application of Stakeholder Theory. *Accounting, Organizations and Society*, 1992, 17 (6): 595 - 612.

[163] Shankman N. A., Reframing the Debate Between Agency and Stakeholder Theories of the Firm. *Journal of Business Ethics*, 1999, 19 (4): 319 - 334.

[164] Suchman M. C., Managing Legitimacy: Strategic and Institutional Approaches. *Academy of Management Review*, 1995, 20 (3): 571 - 610.

[165] Toms J. S., Firm Resources, Quality Signals and the Determinants of Corporate Environmental Reputation: Some UK Evidence. *British Accounting Review*, 2002, 34 (3): 257 - 282.

[166] Trotman K. T., Bradley G. W., Associations Between Social Responsibility Disclosure and Characteristics of Companies. *Accounting, Organizations and Society*, 1981, 6 (4): 355 - 362.

[167] Ullmann A. A., The Corporate Environmental Accounting Sys-

tem: A Manage - ment Tool for Fighting Environmental Degradation. *Accounting*, *Organizations and Society*, 1976, 1 (1): 71 - 79.

[168] Wartick S. L., Cochran P. L., The Evolution of the Corporate Social Performance Model. *Academy of Management Review*, 1985, 10 (4): 758 - 769.

[169] Wiseman J., An Evaluation of Environmental Disclosures Made in Corporate Annual Reports. *Accounting Organizations and Society*, 1982, 7 (1), 53 - 63.

[170] Wood D. J., Jones R. E., Stakeholder Mismatching: A Theoretical Problem in Empirical Research on Corporate Social Performance, *International Journal of Organizational Analysis*, 1995, 3 (3), 229 - 267.